Stingl · Einstieg in die Mathematik für Fachhochschulen

Einstieg in die Mathematik für Fachhochschulen

von Prof. Dr. Peter Stingl

5., aktualisierte Auflage

Mit über 400 Aufgaben und den
zugehörigen vollständigen Lösungsgängen

HANSER

Prof. Dr. Peter Stingl, Nürnberg

Bibliografische Information der Deutschen Nationalbibliothek
Die Deutsche Nationalbibliothek verzeichnet diese Publikation in der Deutschen Nationalbibliografie; detaillierte bibliografische Daten sind im Internet über http://dnb.d-nb.de abrufbar.

ISBN 978-3-446-43538-4

Dieses Werk ist urheberrechtlich geschützt.
Alle Rechte, auch die der Übersetzung, des Nachdruckes und der Vervielfältigung des Buches, oder Teilen daraus, vorbehalten. Kein Teil des Werkes darf ohne schriftliche Genehmigung des Verlages in irgendeiner Form (Fotokopie, Mikrofilm oder ein anderes Verfahren), auch nicht für Zwecke der Unterrichtsgestaltung, reproduziert oder unter Verwendung elektronischer Systeme verarbeitet, vervielfältigt oder verbreitet werden.

Um dieses Buch lieferbar halten zu können, wurde es mit dem Print-on-Demand-Verfahren als einzelnes Exemplar speziell für Sie gedruckt. Dabei können gegenüber dem Original Unterschiede auftreten. Der Inhalt des Buches ist unverändert.

© Carl Hanser Verlag München unveränderter Nachdruck der 5. Auflage von 2013
www.hanser-fachbuch.de
Druck und Bindung: CPI books GmbH, Leck
Printed in Germany

Vorwort zur 5. Auflage

Die langjährige Erfahrung mit Studienanfängern der technischen Fachrichtungen hat gezeigt, dass die Lehrinhalte der letzten Jahre der Fachoberschule oder des Gymnasiums zwar noch in relativ guter Erinnerung sind, – hingegen entscheidende Defizite aus zeitlich früheren Kapiteln der Schullaufbahn stammen und den Studienerfolg in der Folgezeit belasten, zum Beispiel beim simplen Bruchrechnen, in der elementaren Algebra und bei Verwendung der elementaren Funktionen.

Um typische Fehler hierbei zu vermeiden, bietet der Autor mit diesem Bändchen ein gezieltes Training an. Für Teilgebiete der Schul-Mathematik, in denen erfahrungsgemäß besonders viele Fehler gemacht werden, finden Sie hier Testaufgaben. Wenn Sie damit keine Schwierigkeiten haben, brauchen Sie das betreffende Kapitel nicht zu wiederholen. Andernfalls sollten Sie die Erklärungen und Beispiele aufmerksam lesen und anschließend einschlägige Aufgaben üben. Vollständige Lösungen finden Sie im Lösungsteil.

Der Autor wünscht Ihnen viel Erfolg!

Nürnberg, im Herbst 2012   Peter Stingl

Inhaltsverzeichnis

1. Rationales Rechnen	1
1.1. Reihenfolge von Operationen in Termen	1
1.2. Ausmultiplizieren — Faktorisieren	8
1.3. Bruchterme	13
1.4. Definitionsmengen von Termen	20
2. Aussagen	23
2.1. Definitions- und Lösungsmenge	23
2.2. Ungleichungen	28
2.3. Gleichungen höheren Grades	33
2.4. Nicht-Äquivalenz-Umformungen	37
2.5. Logische Operationen	40
2.6. Gebundene Variable	44
3. Potenzen. Exponentialfunktion. Logarithmus	48
3.1. Potenzgesetze	48
3.2. Die Exponentialfunktion	54
3.3. Umkehrbarkeit	62
3.4. Der Logarithmus	67
4. Trigonometrische Funktionen	75
4.1. Definition und Umkehrung der Winkelfunktionen	75
4.2. Additionstheoreme	85
Lösungen der Aufgaben	91
Sachwortverzeichnis	128

1. Rationales Rechnen

1.1. Reihenfolge von Operationen in Termen

Wir beginnen mit einem Kapitel über die Anwendung der *Grundrechenarten* und der Reihenfolge ihrer Ausführung.

Eine *Rechenoperation* **ist eine Vorschrift, die zwei** *Operanden,* **nämlich Zahlen, Variable oder — geklammerte Ausdrücke, durch einen der** *Operatoren*

$$+ \quad , \quad - \quad , \quad mal \quad , \quad dividiert\ durch \quad , \quad hoch$$

zu einem neuen *Term* **(Rechenausdruck) verknüpft.**

Beispiel:
In
$$2x - (x+3)^2$$
werden zunächst die Operanden $2x$ und $(x+3)^2$ durch den Operator $-$ zu einer *Differenz* verknüpft. Der Operand $2x$, genauer $2*x$, ist das *Produkt* der Operanden 2 und x. Der Operand $(x+3)^2$ ist die *Potenz* mit der *Basis* $x+3$ und dem *Exponenten* 2 als Operanden.

Bekanntlich legt man die Reihenfolge der Operationen in einem Term durch Klammersetzung fest. Um Klammern zu sparen, vereinbart man:

mal, dividiert durch (*"Punkt"*) **werden vor** $+, -$ (*"Strich"*) **ausgeführt,**
hoch **vor jeder anderen Operation,**
das heißt, der Exponent bezieht sich stets nur auf die unmittelbar (!) unter ihm stehende Klammer, Variable oder Zahl.

Mit — entbehrlichen — zusätzlichen Klammerpaaren lautet obiger Term $(2x)-((x+3)^2)$. Unentbehrlich ist das Klammerpaar in $(x+3)^2$, denn $x+3^2$ bedeutet etwas anderes.

Auch *Vorzeichen* lassen sich durch Rechenoperationen wiedergeben:

Ein Term $-a$ **mit** *Vorzeichen* **kann als Differenz** $0-a$ **aufgefaßt werden.**

Testaufgabe 1.1:

$$\frac{3(x+2)^2 - (-2)2^{2^2-2}}{3x+6} = \frac{-2^{3^2} + (2^3)^2 x}{(2^2)^3}$$

a) Setzen Sie bei jeder(!) Rechenoperation in dieser Gleichung — entbehrliche (!) — zusätzliche Paare runder Klammern !

b) Lösen Sie die Gleichung !

c) Machen Sie die Probe, indem Sie $x = -\frac{34}{15}$ einsetzen !

Lösung zu Testaufgabe 1.1:

a)
$$\frac{((3((x+2)^2))-((-2)(2^{((2^2)-2)})))}{((3x)+6)} = \frac{((-(2^{(3^2)}))+(((2^3)^2)x))}{((2^2)^3)}.$$

b) Wir berechnen zunächst die rechte Seite: Dabei ist es zweckmäßig, im Zähler auszuklammern und zu kürzen:
$$\frac{-2^9+2^6 x}{2^6} = \frac{2^6(x-8)}{2^6} = x-8.$$

Die linke Seite wird zunächst:
$$\frac{3(x^2+4x+4)-(-2)\cdot 4}{3(x+2)}.$$

Multiplikation mit dem Nenner ergibt folgende jeweils äquivalente Gleichungen:
$$(3x^2+12x+12)+8 = (x-8)\cdot 3 \cdot (x+2)$$
$$3x^2+12x+20 = 3x^2-18x-48$$
$$30x = -68$$
$$x = -\frac{34}{15}.$$

c) Linke Seite:
$$\frac{3(-\frac{34}{15}+2)^2+8}{3(-\frac{34}{15})+6} = \frac{3(-\frac{4}{15})^2+8}{-\frac{34}{5}+6} = \frac{\frac{16}{75}+8}{-\frac{4}{5}} = -\frac{616}{75}\cdot\frac{5}{4} = -\frac{154}{15}.$$

Rechte Seite:
$$\frac{-2^9+2^6(-\frac{34}{15})}{2^6} = -2^3-\frac{34}{15} = -\frac{154}{15}.$$

Wenn Ihre Lösung hiermit (sinngemäß) übereinstimmt, können Sie mit Klammern umgehen und Ihre Arbeitsweise ist sorgfältig!
Sie können Kapitel 1.1 überschlagen und bei 1.2 fortfahren!

Haben Sie jedoch wesentliche Fehler gemacht, so sollten Sie die folgenden Beispiele aufmerksam durcharbeiten und — in den anschließenden Aufgaben die betreffenden Techniken üben! Die Lösungen finden Sie im Lösungsteil!

Rationales Rechnen

In diesem Kapitel sollen Sie sich mit der Reihenfolge von Rechenoperationen befassen, insbesondere die Verwendung von Klammern üben. Beachten Sie dabei folgende Regeln:

Setzen Sie einen einzusetzenden mehrgliedrigen Ausdruck stets in ein Klammerpaar !
Beseitigen Sie die Klammern nach Vorzeichen- bzw. Bruchregeln erst anschließend !
Dabei ist zu beachten:
Steht vor einer Klammer das -Zeichen, so wechseln beim Weglassen der Klammern alle in der Klammer stehenden Summanden ihre Zeichen.
Um Bruchterme zu addieren oder subtrahieren, muß man sie vorher gleichnamig machen !

Beispiele:

1.1.1: $x = a - \frac{1}{b}$ soll in

$$\frac{bx}{ab-1} - \frac{1-ab}{bx}$$

eingesetzt ("substituiert") werden:

$$\frac{b(a-\frac{1}{b})}{ab-1} - \frac{1-ab}{b(a-\frac{1}{b})} = \frac{ab-1}{ab-1} - \frac{1-ab}{ab-1} = 1 - (-1) = 2$$

1.1.2:
$$14x - (10 + (12x - 9))$$

ist zu vereinfachen !

Zwei Varianten:

Man kann die jeweils innersten Klammern zuerst weglassen ("Auflösen von innen")!
Man kann die jeweils äußersten Klammern zuerst weglassen ("Auflösen von außen")!

a) $... = 14x - (10 + 12x - 9) = 14x - (1 + 12x) = 14x - 1 - 12x = 2x - 1.$
b) $... = 14x - 10 - (12x - 9) = 14x - 10 - 12x + 9 = 2x - 1.$

1.1.3: Für x soll $1 - x$ in den Term

$$\frac{x}{x-1}$$

substituiert werden: (Lassen Sie sich nicht durch den gemeinsamen Variablennamen x beirren !)

$$\frac{(1-x)}{(1-x)-1} = \frac{1-x}{-x} = \frac{x-1}{x} = 1 - \frac{1}{x}.$$

1.1.4: a) Wir berechnen x aus
$$\frac{x^2-1}{x} - \frac{x^2+1}{x-1} = -1:$$
Man bringt zunächst die Brüche links auf den Hauptnenner $x(x-1)$; die beiden Zähler sind dann mit $(x-1)$ bzw. x zu multiplizieren. Dann kann man die gesamte Gleichung mit dem Hauptnenner multiplizieren.
man erhält:
$$(x^2-1)(x-1) - x(x^2+1) = -x(x-1).$$
Beachten Sie die Klammern um die ursprünglichen Zähler!
Äquivalent sind dann die Gleichungen
$$x^3 - x^2 - x + 1 - (x^3+x) = -(x^2-x)$$
$$x^3 - x^2 - x + 1 - x^3 - x = -x^2 + x$$
$$1 = 3x$$
$$x = \frac{1}{3}.$$

b) Berechnung von x aus
$$\sqrt{\log_{10} x} = 2 \cdot u^2 v:$$
$$\log_{10} x = (2 \cdot u^2 v)^2.$$
Beachten Sie auch hier die Klammern!
$$x = 10^{4 \cdot u^4 v^2}.$$
Hier sind die Klammern um den Exponenten entbehrlich!

1.1.5:
Folgende graphische Veranschaulichung erleichtert Ihnen den Überblick über einen Term:

Jeder Term läßt sich durch einen *Baum* darstellen, dessen *Knoten* die Operatoren sind. Die von einem Knoten ausgehenden *Kanten* führen zu den Operanden. Die *Endknoten* sind Variable oder Konstante.

Zum Beispiel gehört zu $a - \frac{b}{c+d}$ der Baum:

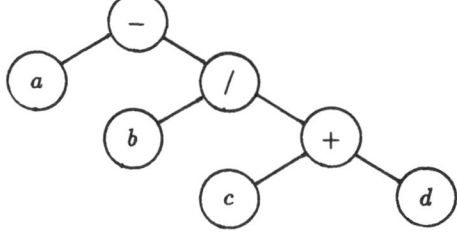

Aufgaben:

1.1.1: Setzen Sie den Term B in den Term A ein! Vereinfachen Sie den entstandenen Term!

	A	B		
a)	$2x - 3y$	x	$:=$	$2 - y$
b)	$2x - 3y$	y	$:=$	$2 - x$
c)	$x - xy$	x	$:=$	$y + 1$
d)	$x - xy$	y	$:=$	$\frac{1}{x} - 1$
e)	$2x - 4ax$	a	$:=$	$x - 1$
f)	$2x - 4ax$	x	$:=$	$a^2 - 2a - 1$
g)	$\frac{1}{x} - 3b$	x	$:=$	$2a + 3b$
h)	$\frac{-2(y^2 - 1)}{x^2}$	x	$:=$	$\frac{1}{y} - y$
i)	$x + \frac{2}{x}$	x	$:=$	$z - \frac{1}{z}$

1.1.2: Lösen Sie die Klammern auf und vereinfachen Sie!
   a) $6x - ((12 - 13x) - (5 - 2x)) + (4x - (x + 12))$
   b) $3.2a - (2.8b - (1.9c - 7.3a)) - (10.8c - (13.4a + (6.1b - 4.4c)))$
   c) $1.2m - (2.4n + 3.5 - (1.8n - 1.9)) - (-(7.3 - 4.6m) + (1.2m - 8.3))$
   d) $18x - 2((3x - 5) + 25(4x - 16)) - 6(2x - 5(17 - 4x))$
   e) Lösen Sie die Gleichung
   $$200x - ((138x + 190) - (310 + 8x)) = (115 + 100x - (22x - 161)) + 70x$$
   und machen Sie die Probe!

1.1.3: Setzen Sie die Terme A in die Terme B jeweils für das dortige x ein! Vereinfachen Sie die entstehenden Terme und tragen Sie sie in eine Tabelle ein! Von den 36 Ergebnissen sind schon 3 angegeben!

B \ A	x	$1-x$	$\frac{1}{x}$	$1-\frac{1}{x}$	$\frac{1}{1-x}$	$\frac{x}{x-1}$
x	x	$1-x$				
$1-x$		.				
$\frac{1}{x}$		.				
$1-\frac{1}{x}$		.				
$\frac{1}{1-x}$		.				
$\frac{x}{x-1}$	$\ldots$	$1-\frac{1}{x}$				

1.1.4: a) Multiplizieren Sie $x-3$ mit $(x+1)$!
   b) Berechnen Sie z aus
$$\frac{z+16}{z} - \frac{15}{z-1} = 0 \ !$$
   c) Berechnen Sie x aus
$$\frac{1-x}{3(2-x)} - \frac{1+x}{3(x-2)} = \frac{1}{9} \ !$$
   d) Berechnen Sie y aus
$$2x = \sqrt[5]{y} \ !$$
   e) Berechnen Sie z aus
$$3^2 a^4 b^6 = \sqrt[7]{z^2} \quad (a,b > 0) \ !$$
   f) Berechnen Sie x aus $\quad 3 + a = \log_{10} x$!

1.1.5: a) Stellen Sie den Term $ab^3 + c/(d-e)^2$ durch einen Baum dar!
   Setzen Sie bei jeder(!) Operation — eventuell entbehrliche — Klammerpaare!
   b) Verfahren Sie ebenso bei $2^{x-3}/(x - y/3^x)$!

1.1.6: In einer *Programmiersprache* gilt folgende *Prioritäten-Tabelle*:

Operationen mit kleinerer Nummer werden zuerst ausgeführt:
(1) Funktionsausdrücke (wie $\sin x$, $\sqrt{x}$ usw.)
(2) Geklammerte Rechenausdrücke
(3) Potenzbildung
(4) Multiplikation oder Division
(5) Addition oder Subtraktion
(6) Vergleichsoperationen ($=, \neq, <, \leq, >, \geq$)
(7) Logische Negation (*nicht*)
(8) Logische Konjunktion (*und*)
(9) Logische Disjunktion (*oder*)

Lassen Sie im folgenden Ausdruck nach diesen Prioritätenregeln alle entbehrlichen Klammern weg!

$$((((2 * (\sqrt{x})) - ((\sin(a+b))/(x-y))) < (100 * ((k+m)^2)))$$

$$und(nicht(x > 2)))oder((\sqrt{((x^2)+1)}) \geq 100)$$

Sie wissen: Der *Compiler* einer Programmiersprache ahndet unnachsichtig alle Verstöße gegen die *Syntax* von Ausdrücken, insbesondere *fehlerhafte Klammersetzung*!

1.2. Ausmultiplizieren — Faktorisieren

Bei der Umformung algebraischer Terme stellen sich häufig die folgenden beiden Grundaufgaben:

(I) Ein Produkt ist nach dem Distributivgesetz "auszumultiplizieren".

Beispiel:
$2(x+2)(2x-5+x^2) = (2x+4)(x^2+2x-5) = 2x^3 + 4x^2 + 4x^2 + 8x - 10x - 20 = 2x^3 + 8x^2 - 2x - 20$.

Häufig bedient man sich dabei *binomischer Formeln*:

$$(a+b)(a-b) = a^2 - b^2$$
$$(a+b)(a^2 - ab + b^2) = a^3 + b^3$$
$$(a-b)(a^2 + ab + b^2) = a^3 - b^3$$

$$(a+b)^2 = a^2 + 2ab + b^2$$
$$(a-b)^2 = a^2 - 2ab + b^2$$
$$(a+b)^3 = a^3 + 3a^2b + 3ab^2 + b^3$$
$$(a-b)^3 = a^3 - 3a^2b + 3ab^2 - b^3$$

Die schwierigere Aufgabe ist:

(II) Eine algebraische Summe ist — soweit möglich — in Faktoren zu zerlegen ("zu faktorisieren").

Beispiele:
a) $ax - ay + bx - by = a(x-y) + b(x-y) = (a+b)(x-y)$
b) $-4x - 16 = (-4)(x+4)$
c) $49x^2 - 64 = (7x)^2 - 8^2 = (7x+8)(7x-8)$

Man vergleicht $(7x)^2 - 8^2$ mit der Formel $a^2 - b^2 = (a+b)(a-b)$ und substituiert $7x = a, \quad 8 = b$.

Testaufgabe 1.2:

Faktorisieren Sie:

a)
$$2x^2 + 8x - 234$$

b)
$$144a^2x^2 - 720a^2xy + 900a^2y^2 - 196b^4x^2 + 980b^4xy - 1225b^4y^2$$

Lösung zu Testaufgabe 1.2:

a) Zunächst ist $2x^2 + 8x - 234 = 2(x^2 + 4x - 117)$.

Da $117 = (-9)(+13)$ und $(-9) + (+13) = +4$ kann man den Ausdruck — nach Vieta — in $2(x-9)(x+13)$ zerlegen. (Diese Zerlegung erhält man auch nach Ermittlung der Nullstellen $(+9)$ und (-13) von $x^2 + 4x - 117$.)

b) Man klammert in den ersten drei Summanden a^2 und den *größten gemeinsamen Teiler* (g.g.T) von $144 = 2^4 \cdot 3^2$, $720 = 2^4 \cdot 3^2 \cdot 5^1$, $900 = 2^2 \cdot 3^2 \cdot 5^2$, also $2^2 \cdot 3^2 = 36$, aus, ebenso in den letzten drei Summanden $(-b^4)$ und den g.g.T. von $196 = 2^2 \cdot 7^2$, $980 = 2^2 \cdot 5^1 \cdot 7^2$, $1225 = 5^2 \cdot 7^2$, also $7^2 = 49$, — und erhält:

$$36a^2(4x^2 - 20xy + 25y^2) - 49b^4(4x^2 - 20xy + 25y^2).$$

In den Klammern steht jeweils das Quadrat eines binomischen Ausdrucks, nämlich $(2x - 5y)^2$. Klammert man dies aus, so bleibt

$$(36a^2 - 49b^4)(2x - 5y)^2.$$

In der ersten Klammer steht ebenfalls die rechte Seite einer binomischen Formel. Man erhält daher:

$$(6a + 7b^2)(6a - 7b^2)(2x - 5y)^2 \quad .$$

Üben Sie nun zunächst das "Ausmultiplizieren"!

Achten Sie auf das Vorzeichen der entstehenden Produkte!

Gleiche Vorzeichen bei den Faktoren ergeben + im Produkt, verschiedene Vorzeichen − .

Setzen Sie, um Vorzeichenfehler zu vermeiden, das berechnete Produkt zunächst in Klammern!

Beispiel 1.2.1:

$3x - (x-2)(-2x-1) = 3x - (-2x^2 + 4x - x + 2) = 3x + 2x^2 - 3x - 2 = 2x^2 - 2$.

Üben sie dann das "Ausklammern"!

Kontrollieren Sie durch Wiederausmultiplizieren!

Beispiele:

1.2.2: a)
$$72x^2 - 48xy = 24x(3x - 2y).$$

(Man muß — etwa durch Zerlegung in Primzahlpotenzen — den g.g.T. von $72 = 2^3 \cdot 3^2$ und $48 = 2^4 \cdot 3^1$ finden: $2^3 \cdot 3^1 = 24$.)

b) Häufig ist der Faktor (-1) auszuklammern:
$$-x^2 - 2x^3 - \frac{1}{x} = -(x^2 + 2x^3 + \frac{1}{x}).$$

c)
$$(x-y)(2x-4y)^2 - (12xy - 4x^2)(2y - x)$$
$$= (x-y)2^2(x-2y)^2 - 4x(3y-x)(-1)(x-2y)$$
$$= (4(x-y)(x-2y) + 4x(3y-x))(x-2y)$$
$$= (4x^2 - 12xy + 8y^2 + 12xy - 4x^2)(x-2y)$$
$$= 8y^2(x-2y).$$

1.2.3: $-4x^2$ soll aus $192x^5 + 76x^3 + 10x$ ausgeklammert werden: Man erhält
$$(-4x^2)(-48x^3 - 19x - \frac{5}{2x}).$$

1.2.4: Faktorisieren Sie unter Verwendung binomischer Formeln:
  a) $-125x^2 + 20y^2 = (-5)(25x^2 - 4y^2) = (-5)(5x - 2y)(5x + 2y)$
  b) $-25x^2 - 100y^2 + 100xy = (-25)(x^2 - 4xy + 4y^2) = (-25)(x - 2y)^2$
  c) $1 - 3x + 3x^2 - x^3 = (1-x)^3$

1.2.5: Man schreibe als Summe eines Quadrats und einer Konstanten
("Quadratische Ergänzung"):
  a) $x^2 + 6x + 13$.
  Offenbar ist $6x$ als "doppeltes Produkt $2 \cdot 3 \cdot x$ aufzufassen, also das "zweite Quadrat" $3^2 = 9$; diesen Summanden 9 addiert man nun und subtrahiert ihn zum Ausgleich vom Rest 13 . Dann erhält man
  $$x^2 + 6x + 13 = (x^2 + 6x + 9) + (13 - 9) = (x+3)^2 + 4.$$

b)
$$128x^2 - 384x + 500 = 128(x^2 - 3x \qquad) + 500$$
$$= 128(x^2 - 3x + \frac{9}{4}) + (500 - \frac{9}{4} \cdot 128)$$
$$= 128(x - \frac{3}{2})^2 + 212$$

Ausmultiplizieren — Faktorisieren

Beim Ausmultiplizieren zweier *Linearfaktoren* $(x - x_1)$ und $(x - x_2)$ erhält man den *quadratischen Term*
$(x - x_1)(x - x_2) = x^2 - x_1 x - x_2 x + x_1 x_2 = x^2 - (x_1 + x_2)x + x_1 x_2 = x^2 + px + q$ mit
$p = -(x_1 + x_2), \quad q = x_1 x_2$.
Umgekehrt:

$x^2 + px + q$ läßt sich in ein Produkt zweier Linearfaktoren
$(x - x_1)(x - x_2)$ zerlegen, wenn man x_1 und x_2 so errät, daß
$x_1 \cdot x_2 = q, \quad x_1 + x_2 = -p$ ist (Satz von *Vieta*).

Beispiele:

1.2.6: a) $x^2 + 7x + 12 = (x \quad)(x \quad)$?
Einzufügen sind — mit geeigneten Vorzeichen — die Konstanten x_1, x_2, deren Produkt $+12$ sein muß. Da $+12 > 0$, müssen x_1 und x_2 gleiches Vorzeichen haben. Nun ist $12 = 3 \cdot 4$. Es käme $x_1 = +3$, $x_2 = +4$ oder $x_1 = -3$, $x_2 = -4$ in Frage. Da $x_1 + x_2 = -7$ sein muß, scheidet die erste Möglichkeit aus. Es bleibt:

$$x^2 + 7x + 12 = (x - (-3))(x - (-4)) = (x + 3)(x + 4).$$

b) Bei $3x^2 + 18x - 21$ kann man zunächst 3 ausklammern: $= 3(x^2 + 6x - 7)$. Nun ist $-7 = (+1) \cdot (-7)$ oder $-7 = (-1) \cdot (+7)$. Da $x_1 + x_2 = -6$ sein muß, scheidet die zweite Möglichkeit aus, es bleibt:

$$3(x^2 + 6x - 7) = 3(x - 1)(x + 7).$$

Aufgaben:

1.2.1: Multiplizieren Sie aus:
 a) $(3x - 4y)(4x - 3y)$
 b) $x(3 - x) - (2 - x)(x - 1)$
 c) $13x^3 - (-2x^2 + 3x)(-2x + 3x^2)$
 d) $13.12b^2 + (1.5a + 3.2b)(2.5a - 4.1b)$
 e) $(2x - 1)(8x - 1) + (-4x + 1)(4x - 1)$
 f) $(2x + y)(y - 3x)(x - 2y)$
 g) $(4x - 3y + 2z - x^2)(x^2 - 2x + y)$
 h) $(2x^2 - 3x)(3x + 2x^2)$
 i) $(x - 2y)(2y - x)(x + 2y)(2y + x)$
 j) $(a - 2b)^3(-2a - b)^3$
 k) $(1 - x)^2(x + 1)^2(x - 1)^3$
 l) $(a + b)^5 - (a - b)^2(-a - b)^3$

1.2.2: Faktorisieren Sie:
  a) $78a^2 - 117ab$
  b) $192x^2y^2 + 216x^3y - 144xy^2$
  c) $-5x^4 - 3x^2 - 15y^2$
  d) $-152a^5b^3c^2 - 133a^3b^5c^4 + 95a^4b^4c^3$
  e) $2u(u+v) - (u-v)(u+v)$
  f) $(4x+y)(a+2b) + (y-4x)(-2b-a)$
  g) $3(2x+3)^2(a-b)^3 - 4(6+4x)(b-a)^5$
  h) $(x+2y)(x-y)(-2x+y) - y(6x-3y)(2y-2x)$

1.2.3: Nun sollen vorgeschriebene Faktoren ausgeklammert werden, nämlich
  a) 5 aus $10x^2 - 12y + 15z$
  b) 72 aus $72x^2 - 216xy + 180y^2$
  c) (-1) aus $x^4 + x^3 - x^2 - 1$
  d) $(-2x)$ aus $3x^5 - x^3 + 2x^2$
  e) $(-5a)$ aus $0.2a^2b + 0.5ab^2 + 0.1b$

1.2.4: Faktorisieren Sie unter Verwendung binomischer Formeln:
  a) $196x^2 - 169y^2$
  b) $169a^2 + 36b^2 + 156ab$
  c) $98x^2y^4 - 112x^3y^3 + 32x^4y^2$
  d) $-4x^2 + 12xy - 9y^2$
  e) $100x^4 - 1$
  f) $(2m-n)^2 - (n+2m)^2$
  g) $-\frac{1}{4}x^2 - 4y^2 - 2xy$
  h) $\frac{1}{2}((p+q)^2 + (p-q)^2) + p^2 - q^2$
  i) $144m^2r^2 + 324m^2s^2 - 432m^2rs - 169r^2n^2 + 52n^2rs - 4n^2s^2$
  j) $36a^2x^2 + 9b^2x^2 + 36abx^2 - 49a^2y^2 - b^2y^2 + 14aby^2$
  k) $8x^3 - 12x^2 + 6x - 1$
  l) $16x^2 + 18xy + 9y^2$

1.2.5: Schreiben Sie mittels quadratischer Ergänzung als Summe zweier Quadrate:
  a) $4x^2 + 4x + 2$
  b) $9x^2 + 36x + 40$
  c) $16x^2 + 100 + 48x$
  d) $64x^2 - 448x + 800$
  e) $ax^2 + bx + c (a > 0, 4ac \geq b^2)$

1.2.6: Zerlegen Sie nach dem Satz von Vieta:
  a) $x^2 + x - 12$
  b) $x^2 - 11x - 12$
  c) $x^2 - 13x + 12$
  d) $x^2 + 4x - 12$
  e) $x^2 - 7x + 10$
  f) $4x^2 + 4x - 80$
  g) $12x^2 - 96x - 780$

h) $x^2 - (2a+1)x + a(a+1)$
i) $x^2 + 4ax + 4a^2 - 9b^2$

1.2.7: Eine Faktorisierung einer Summe zweier Quadrate ist — im Bereich der reellen Zahlen — nicht möglich; z. B. sind $a^2 + b^2$, $49x^2y^4 + 16x^4y^2$, usw. — unzerlegbar. Dagegen ist eine Zerlegung von $a^3 + b^3$ möglich; ein Faktor ist $(a+b)$.
a) Finden Sie den anderen Faktor!
b) Faktorisieren Sie $a^3 - b^3$!
c) Faktorisieren Sie $320x^3 - 135y^6$!

1.2.8: Faktorisieren Sie
$$4x^2 - 16xy + 16y^2 + 25z^4 + 20xz^2 - 40yz^2$$
nach der Formel
$$(a+b+c)^2 = a^2 + b^2 + c^2 + 2ab + 2ac + 2bc \quad !$$

1.3. Bruchterme

**Bruchterme sind in der Regel durch *Kürzen* erheblich zu vereinfachen. Dazu müssen Zähler und Nenner als *Produkte* vorliegen. ("Differenzen und Summen kürzen nur die ...!")
Dann kann man alle gemeinsamen Faktoren, also den**
größten gemeinsamen Teiler (g.g.T.), kürzen.
Die in den Beispielen und Aufgaben dieses Abschnitts auftretenden Nenner sind häufig stillschweigend ≠0 vorausgesetzt.

Testaufgabe 1.3:

a) Kürzen Sie vollständig:
$$\frac{(2x^2 + 44x + 242)(180 - 18x)}{24x^4 + 24x^3 - 2640x^2}$$

b) Vereinfachen Sie:
$$\left(\frac{x}{x-y} - \frac{y}{x+y} + \frac{x^2}{x^2-y^2} + \frac{y^2}{(x-y)^2}\right) : \left(\frac{2x(x^3+y^3)}{x^2-y^2}\right)$$

Lösung zu Testaufgabe 1.3:

a)
$$\frac{2(x^2 + 22x + 121) \cdot 18(10 - x)}{24x^2(x^2 + x - 110)}$$
$$= \frac{3}{2} \cdot \frac{(x+11)^2(-1)(x-10)}{x^2(x-10)(x+11)}$$
$$= -\frac{3}{2} \cdot \frac{(x+11)}{x^2}$$

b) Hauptnenner des zu dividierenden Ausdrucks ist $h = (x-y)^2(x+y) = (x-y)(x^2-y^2)$. Daher erhält man

$$\left(\frac{x(x^2-y^2)}{h} - \frac{y(x-y)^2}{h} + \frac{x^2(x-y)}{h} + \frac{y^2(x+y)}{h}\right) : \left(\frac{2x(x^3+y^3)}{x^2-y^2}\right)$$
$$= \frac{x^3 - xy^2 - x^2y + 2xy^2 - y^3 + x^3 - x^2y + xy^2 + y^3}{h} \cdot \frac{(x^2-y^2)}{2x(x^3+y^3)}$$
$$= \frac{2x^3 - 2x^2y + 2xy^2}{(x^2-y^2)(x-y)} \cdot \frac{(x^2-y^2)}{2x(x^3+y^3)}$$
$$= \frac{(x^2 + y^2 - xy)}{(x-y)(x^3+y^3)}.$$

Wenn Sie auf die weitere Zerlegung $x^3 + y^3 = (x+y)(x^2 - xy + y^2)$ nicht gekommen sind, sollten Sie Kapitel 1.2 bearbeiten oder wiederholen! Durch Kürzen erhält man schließlich:

$$= \frac{1}{(x-y)(x+y)} = \frac{1}{x^2 - y^2}.$$

Beispiele:

1.3.1: a)
$$\frac{2520 \cdot a^4 x^3 (a+1)(a+2)}{5292 \cdot a^3 x^4 (a+1)^2}$$

Um den g.g.T. der Konstanten in Zähler und Nenner zu finden, zerlegt man beide in Primzahlpotenzen: $2520 = 2^3 \cdot 3^2 \cdot 5^1 \cdot 7^1$, $5292 = 2^2 \cdot 3^3 \cdot 7^2$; der g.g.T. der Konstanten ist also $2^2 \cdot 3^2 \cdot 7^1 = 252$. Der g.g.T. von Zähler und Nenner ist daher $252 a^3 x^3 (a+1)$. Der gekürzte Bruch lautet also

$$\frac{10a(a+2)}{21x(a+1)} .$$

b)
$$\frac{14x^2 - 28x - 882}{21x^2 - 1029}$$
$$= \frac{14(x^2 - 2x - 63)}{21(x^2 - 49)} = \frac{2}{3} \cdot \frac{(x^2 - 2x - 63)}{(x^2 - 49)}.$$

Man kann nun den Zähler nach Vieta, den Nenner nach einer binomischen Formel zerlegen und dann kürzen:
$$= \frac{2}{3} \cdot \frac{(x-9)(x+7)}{(x-7)(x+7)} = \frac{2}{3} \cdot \frac{(x-9)}{(x-7)}.$$

Zur Addition und Subtraktion von Brüchen muß man diese *gleichnamig* machen. Der *Hauptnenner* ist das *kleinste gemeinsame Vielfache* (k.g.V.) der Einzelnenner.

Beispiel 1.3.2:

Zur Berechnung von
$$\frac{2}{15x(x+1)^2} - \frac{1}{12x^2(x+1)}$$
bestimmen wir den Hauptnenner:

Das k.g.V. der Konstanten $15 = 3^1 5^1$, $12 = 2^2 3^1$ ist $2^2 3^1 5^1 = 60$, daher das k.g.V. der Nenner $h = 60x^2(x+1)^2$. Man erweitert den ersten Bruch mit
$$\frac{h}{15x(x+1)^2} = 4x,$$
den zweiten mit
$$\frac{h}{12x^2(x+1)} = 5(x+1),$$
und erhält
$$\frac{8x}{60x^2(x+1)^2} - \frac{5(x+1)}{60x^2(x+1)^2}$$
$$= \frac{8x - 5x - 5}{60x^2(x+1)^2} = \frac{3x - 5}{60x^2(x+1)^2}.$$

Man hüte sich, einen zu großen Hauptnenner zu wählen, z. B. das Produkt der Einzelnenner; die Rechnung würde viel aufwendiger:
$$\frac{2 \cdot 12x^2(x+1) - 15x(x+1)^2}{180x^3(x+1)^3}$$
$$= \frac{24x^3 + 24x^2 - 15x^3 - 30x^2 - 15x}{180x^3(x+1)^3}$$
$$= \frac{9x^3 - 6x^2 - 15x}{180x^3(x+1)^3} = \frac{3x(3x^2 - 2x - 5)}{180x^3(x+1)^3} = \frac{(3x-5)(x+1)}{60x^2(x+1)^3}.$$

Brüche werden multipliziert, indem man Zähler mit Zähler und Nenner mit Nenner multipliziert.
Statt durch einem Bruch zu dividieren, multipliziert man mit seinem Kehrbruch.
Man setze um die Faktoren Klammern!

Beispiel 1.3.3:

$$\frac{\dfrac{1}{x^2} - \dfrac{1}{y^2}}{\dfrac{1}{x^3} + \dfrac{1}{y^3}}$$

$$= \left(\frac{y^2 - x^2}{x^2 y^2}\right) : \left(\frac{y^3 + x^3}{x^3 y^3}\right)$$

$$= \left(\frac{y^2 - x^2}{x^2 y^2}\right) \cdot \left(\frac{x^3 y^3}{y^3 + x^3}\right)$$

$$= \frac{(y-x)(y+x)x^3 y^3}{x^2 y^2 (y+x)(y^2 - xy + x^2)} = \frac{xy(y-x)}{y^2 - xy + x^2}.$$

Kennen Sie das *Divisionsschema* für Polynome?
Machen Sie es sich an folgendem Beispiel klar!

Beispiel 1.3.4:

$$(2x^4 - 11x^3 + 25x^2 - 32x + 20) : (x-1) = (2x^3 - 9x^2 + 16x - 16) + \frac{4}{x-1}$$

$$\underline{2x^4 - 2x^3 \qquad (= (x-1) \cdot 2x^3)}$$

Rest : $-9x^3 + 25x^2$

$\qquad \underline{-9x^3 + 9x^2 \qquad (= (x-1)(-9x^2))}$

$\qquad$ Rest : $16x^2 - 32x$

$\qquad \qquad \underline{16x^2 - 16x \qquad (= (x-1) \cdot 16x)}$

$\qquad \qquad$ Rest : $-16x + 20$

$\qquad \qquad \qquad \underline{-16x + 16 \qquad (= (x-1) \cdot 16)}$

$\qquad \qquad \qquad$ Rest : $\quad +4$

Eine gleichwertige Schreibweise ist

$$2x^4 - 11x^3 + 25x^2 - 32x + 20 = (x-1)(2x^3 - 9x^2 + 16x - 16) + 4.$$

$x = +1$ ist offensichtlich keine *Nullstelle* des Polynoms, weil beim Einsetzen von $x = 1$ der Rest 4 bleibt.

Dagegen ist $x = 2$ eine Nullstelle dieses Polynoms, weil die Division durch $(x-2)$ "aufgeht":

$2x^4 - 11x^3 + 25x^2 - 32x + 20 = (x - 2)(2x^3 - 7x^2 + 11x - 10)$
$2x^4 - 4x^3$

$\quad\quad - 7x^3 + 25x^2$
$\quad\quad - 7x^3 + 14x^2$

$\quad\quad\quad\quad + 11x^2 - 32x$
$\quad\quad\quad\quad + 11x^2 - 22x$

$\quad\quad\quad\quad\quad\quad - 10x + 20$
$\quad\quad\quad\quad\quad\quad - 10x + 20$

Genau dann, wenn sich bei Polynomdivision durch einen *Linearfaktor* $(x - a)$ **der Rest** 0 **ergibt, ist** a **eine Nullstelle des Polynoms.**

Aufgaben:

1.3.1: Kürzen Sie soweit wie möglich:

a)
$$\frac{204a^2b^3c}{255ab^2c^3}$$

b)
$$\frac{5(x - 2)}{5x - 2}$$

c)
$$\frac{84m^2 - 168mn}{144n - 72m}$$

d)
$$\frac{5x^2 + 1}{15x^2 + 1}$$

e)
$$\frac{288x - 288y}{432(y^2 - x^2)}$$

f)
$$\frac{2a + a^2 + 1}{2a^2 - 2}$$

g)
$$\frac{a^2+b^2}{a+b}$$

h)
$$\frac{a^3+b^3}{a^2-b^2}$$

i)
$$\frac{1-x}{1-x^3}$$

j)
$$\frac{49+x^2-14x}{x^2-2x-35}$$

1.3.2: Fassen Sie zu einem Bruch zusammen:

a)
$$\frac{3}{4a}-\frac{2}{5b}$$

b)
$$\frac{2}{3x^2}-\frac{4}{2x^4}+\frac{5}{6x}$$

c)
$$\frac{2x-3}{x^2(x+1)}-\frac{3-4x}{x(x+1)^2}$$

d)
$$\frac{a^2-b^2}{2a(a+b)}-1$$

e)
$$\frac{x}{x-y}-\frac{x^2+y^2}{x^2-y^2}+\frac{y}{x+y}$$

f)
$$\frac{9(x-y)}{5(x^2-y^2)}-\frac{7(x+y)}{(2x-2y)^2}$$

g)
$$\frac{4(x-1)}{x(2x-3)}-\frac{4x^3-2x^2}{2x^2-x-3}+2x+\frac{1}{x}$$

h)
$$\frac{x}{x-a}+\frac{a}{(x-a)^2}+\frac{a}{x^2-a^2}-1$$

1.3.3: Vereinfachen Sie:

a)
$$144x^3y^4z : \frac{256x^2y^5}{84z^3}$$

b)
$$\frac{24a^2y}{65b^2x^2} : \left(\frac{36ay^2}{49bx^3} : \frac{25a^3x}{84by^2}\right)$$

c)
$$\frac{24a^2y}{65b^2x^2} : \left(\frac{36ay^2}{49bx^3} \cdot \frac{25a^3x}{84by^2}\right)$$

d)
$$\left(\frac{24a^2y}{65b^2x^2} : \frac{36ay^2}{49bx^3}\right) : \frac{25a^3x}{84by^2}$$

e)
$$\left(1+\frac{a}{b}\right) : \left(1-\frac{a}{b}\right)$$

f)
$$\frac{m+n}{m-n} : \frac{m^3-n^3}{m^2+n^2+2mn}$$

g)
$$\left(\frac{1}{x}+\frac{1}{x^2}-\frac{2}{x^3}\right) : \left(1-\frac{1}{x^2}\right)$$

1.3.4: Dividieren Sie mit Rest:
a) $2x^5 + 2x^4 - 3x^3 + 4x^2 - 6x + 1$ durch $x-2$ und $x-1$
b) $2x^4 - 11x^3 + 25x^2 - 32x + 20$ durch $2x^2 - 7x + 6$
c) $x^5 + x^2 + 2x + 2$ durch $x+1$ und $x^2 + 2x + 1$
d) $x^4 + 5x^3 + 6x^2 - 4x - 8$ durch $(x+2)^3$
e) Stellen Sie fest, ob $2x^4 - 7x^3 + 3x^2 + 7x - 5$ die Nullstellen $+1, +2, -1$ hat! Zerlegen Sie das Polynom in Linearfaktoren!

1.3.5: Zeigen Sie durch Division mit geeigneten Linearfaktoren, daß $x^4 - 3x^3 - 5x^2 + 29x - 30$ die Nullstellen 2 und (-3) hat! Zeigen Sie, daß $2 \cdot (-3) = -6$ keine Nullstelle ist! Dividieren Sie das Polynom durch den Faktor $(x-2)(x+3) = x^2 + x - 6$!

1.4. Definitionsmengen von Termen

Unter der *Grundmenge* G zu einem Term $T(x)$ mit der *Variablen* x versteht man die Menge derjenigen $x \in G$, die zum Einsetzen für x zugelassen sind.

Beispiel:

a) Zum Term
$$T(x) = \frac{x+3}{x-5}$$
ist die Grundmenge $G_1 = \{0, 2, 4\}$ gegeben. Dann sind $T(0) = -\frac{3}{5}, T(2) = -\frac{5}{3}$, $T(4) = -7$ definiert: Die "Definitionsmenge" ist $D_1 = G$.

b) Ist zum gleichen Term die Grundmenge $G_2 = \{1, 3, 5\}$ gegeben, so sind zwar

$T(1) = -1$ und $T(3) = -3$ definiert, nicht aber $T(5)$, weil nicht durch 0 dividiert werden kann. Die Definitionsmenge $D_2 = \{1, 3\}$ ist daher eine echte Teilmenge der Grundmenge G_2.

Die Elemente der Grundmenge, für die der Term definiert ist, bilden die *Definitionsmenge* des Terms bezüglich der Grundmenge.

Überall, wo Terme auftreten, ist ihre Definitionsmenge entscheidend. Als Grundmenge ist dabei oft stillschweigend die Menge **R** der *reellen Zahlen* vorausgesetzt.

Testaufgabe 1.4:

Welche Definitionsmenge hat bezüglich der Grundmenge **R** der Term

$$T(x) = \frac{x^2 + 100}{x^4 - 10000} + \frac{x+5}{\sqrt{-x-5}} - \frac{x}{\sqrt{-\ln(5-x)}} \quad ?$$

Lösung zu Testaufgabe 1.4:

Ein Bruch ist nicht definiert, wenn sein Nenner 0 ist.
Dies ist beim ersten Summanden wegen $x^4 - 10000 = (x^2 - 100)(x^2 + 100) = 0$
$\iff x^2 = 100$ genau für $x = \pm 10$ der Fall:
Die Definitionsmenge des ersten Summanden ist also $D_1 = \{x \in \mathbf{R} | \, x \neq \pm 10\}$.
Beim zweiten Summanden muß der *Radikand* (Term unter der Wurzel) ≥ 0 und — da die Wurzel im Nenner steht — sogar > 0 sein: $-x - 5 > 0 \iff x < -5$.
Die Definitionsmenge des zweiten Summanden ist also $D_2 = \{x \in \mathbf{R} | \, x < -5\}$.
Beim dritten Summanden muß der Term unter dem ln positiv sein: $x < 5$. Damit die Wurzel im Nenner erklärt ist, muß gelten: $-\ln(5-x) > 0 \iff \ln(5-x) < 0 \iff 5 - x < 1 \iff x > 4$.
Die Definitionsmenge des dritten Summanden ist also $D_3 = \{x \in \mathbf{R} | \, 4 < x < 5\}$.
Die Definitionsmenge von $T(x)$ ist daher der *Durchschnitt* $D = D_1 \cap D_2 \cap D_3 = \{\,\}$, die leere Menge.

Die Definitionsmenge eines Terms wird eventuell dadurch eingeschränkt, daß
bei Brüchen der Nenner $\neq 0$,
bei Wurzeln der Radikand ≥ 0,
bei Logarithmen der Term unter dem Logarithmus > 0
sein müssen.
Treten mehrere Einzelterme in einem Term auf, müssen diese Bedingungen gleichzeitig gelten; die Definitionsmenge des Gesamtterms ist also
der *Durchschnitt* der Definitionsmengen der Einzelterme.

Beispiel 1.4.1:

$$T(x) = \frac{1}{x+1} + \ln(1-x) \quad .$$

Für den ersten Summanden ist die Definitionsmenge
$D_1 = \{x \in \mathbf{R} | \, x \neq -1\}$, für den zweiten
$D_2 = \{x \in \mathbf{R} | \, x < 1\}$.
Die Definitionsmenge des Gesamtterms ist also
$D = D_1 \cap D_2 = \{x \in \mathbf{R} | \, x < 1, \, x \neq -1\}$.
Veranschaulichung:

Bei Bestimmung der Definitionsmenge macht man häufig von folgenden Tatsachen Gebrauch:

Ein Produkt ist nur Null, wenn einer der Faktoren Null ist.
Ein Produkt von zwei Faktoren ist nur dann positiv, wenn die Faktoren gleiches, nur dann negativ, wenn die Faktoren verschiedenes Vorzeichen haben.

Beispiel 1.4.2:

$$\frac{1}{(x+1)(x-2)}$$

hat die Definitionsmenge

$$\{x \in \mathbf{R} \mid x \neq -1 \text{ und } x \neq 2\} \ .$$

Aufgaben:

1.4.1: Für welche $x \in \mathbf{R}$ sind folgende Terme definiert?

a)
$$\frac{1}{x+1}$$

b)
$$\frac{x^2-4}{x+2} + \frac{x^2-4}{x-2}$$

c)
$$\frac{25x+12}{(108-400x)(625x^2-144)}$$

d)
$$\frac{25x+12}{(108-400x)+(625x^2-144)}$$

1.4.2: Wie lautet die Definitionsmenge D?

a)
$$\sqrt{(2x+3)(2x-5)}$$

b)
$$\frac{1}{\sqrt{(2x+3)(2x-5)}}$$

c)
$$\ln(-x-3)$$

d)
$$\frac{1}{\sqrt{1-x}} + \frac{1}{\ln(1+x)}$$

e)
$$\frac{1}{\sqrt{1-\log_{10}(-x-3)}}$$

f)
$$\sqrt{\ln\left(\frac{1-x}{1+x}\right)}$$

Übrigens: Wie man Ungleichungen behandelt, lernen Sie in 2.2, wie man mit Logarithmen umgeht, in 3.4 !

2. Aussagen

2.1. Definitions – und Lösungsmenge

Unter einer *Aussage* versteht man ein sprachliches Gebilde, welches entweder *wahr* oder *falsch* ist.

Beispiele:
a) "5 ist eine Primzahl" (wahr)
b) "7 ist die Summe von 3 und 5" (falsch)
c) "Die Kernfusion gelingt im großtechnischen Maßstab bis zum Jahr 2010"
   (wahr oder falsch — wir wissen es nur noch nicht)
d) "Ich lüge stets"
   (Keine Aussage, weil nicht feststellbar, ob wahr oder falsch)

Steht in einer Aussage A statt einer Konstanten eine *Variable* (*Leerstelle*) x, so spricht man von einer *Aussageform* $A(x)$.

Wenn die Variable x in der Aussageform durch konkrete Objekte (z. B. Zahlen) ersetzt wird, entsteht eine Aussage, von der — wenigstens im Prinzip — feststeht, ob sie wahr oder falsch ist.

Beispiel: Die Aussageform
$$x^2 > 20$$
wird durch Einsetzen von $x = 4$ zu einer falschen, durch Einsetzen von $x = 5$ zu einer wahren Aussage.

Durch Aussageformen werden häufig Mengen gekennzeichnet.
Beispiel:
$$\{x \in \mathbf{R}|\ x^2 > 20\ \}$$
ist die Menge derjenigen reellen Zahlen, die auf der Zahlengeraden entweder rechts von $2\sqrt{5}$ oder links von $-2\sqrt{5}$ liegen.

Umgekehrt besteht eine Grundaufgabe der Mathematik darin, die Menge derjenigen x einer (vorgegebenen) Grundmenge G zu bestimmen, die eine Aussageform $A(x)$ erfüllen:

$$\{x \in G|\quad A(x)\quad wahr\}$$

heißt *Lösungsmenge* oder *Erfüllungsmenge* L der Aussageform $A(x)$ bezüglich der Grundmenge G.

Beispiele:

a) Die Lösungsmenge der Ungleichung $x^2 > 20$ bezüglich der Grundmenge $G = \mathbf{R}$ ist
$$L = \{x \in \mathbf{R}|x < -2\sqrt{5}\} \cup \{x \in \mathbf{R}|x > 2\sqrt{5}\}.$$

b) Die Lösungsmenge der Gleichung $9x^2 - 72x + 80 = 0$ bezüglich der Grundmenge $G = \mathbf{R}$ ist
$$L = \{\frac{4}{3};\ \frac{20}{3}\};$$
bezüglich der Grundmenge $G = \mathbf{N}$ ist die Lösungsmenge die leere Menge $\{\}$.

Unter der *Definitionsmenge* D einer Aussageform verstehen wir die Menge derjenigen x der Grundmenge, für die die auftretenden Terme definiert sind. Die Lösungsmenge L ist stets eine Teilmenge der Definitionsmenge D.

Beispiel:
Die Aussageform
$$\frac{1}{2-x} = \frac{x}{2x-4}$$

hat die Definitionsmenge $D = \{x \in \mathbf{R}|\ x \neq 2\}$. Multipliziert man diese Gleichung mit dem Hauptnenner, so erhält man $2x - 4 = 2x - x^2$ bzw. $x^2 = 4$. Da $x = +2 \notin D$, gilt $L = \{-2\}$.

Wie gelangt man nun zur Lösungsmenge einer Aussageform ?
In Anknüpfung an das Beispiel halten wir für Gleichungen und Ungleichungen fest:

Umformungen, welche die Lösungsmenge nicht verändern, nennt man *Äquivalenz-Umformungen*.

Die Lösungsmenge einer Gleichung oder Ungleichung ändert sich nicht, wenn man

a) auf beiden Seiten den gleichen Term addiert oder subtrahiert,
   — d. h., einen Summanden mit dem anderen Vorzeichen auf die andere Seite "transportiert" —,

b) auf beiden Seiten den gleichen von Null verschiedenen Term multipliziert oder dividiert,
   — dabei im Fall von Ungleichungen das Ungleichheitszeichen beibehält oder ändert, je nachdem, ob der Term positiv oder negativ ist.

Unter Umständen sind Fallunterscheidungen nötig.

Durch derartige Äquivalenz-Umformungen vereinfacht man eine Gleichung oder Ungleichung, bis man die Lösungsmenge angeben kann.

Testaufgabe 2.1.

Bestimmen Sie Definitions- und Lösungsmenge von

$$\frac{(a-b)x}{2x+a} + \frac{(a+b)x}{2x-a} = \frac{(b-a)x^2 + 10a^2 x}{4x^2 - a^2} \qquad !$$

Lösung zu Testaufgabe 2.1:

$$D = \{x \in \mathbf{R}| \ x \neq \pm\frac{a}{2}\} \ .$$

Multiplikation mit dem Hauptnenner $(2x + a)(2x - a)$ ergibt die äquivalente Gleichung

$$2ax^2 - 2bx^2 - a^2x + abx + 2ax^2 + 2bx^2 + a^2x + abx = bx^2 - ax^2 + 10a^2x.$$

Addition von $-bx^2 + ax^2 - 10a^2x$ liefert

$$5ax^2 - bx^2 + 2abx - 10a^2x = 0 \ ,$$

nach Ausklammern,

$$x((5a - b)x + 2a(b - 5a)) = 0 \ .$$

Wenn ein Produkt 0 ist, muß ein Faktor 0 sein:
$x = 0$ oder $(5a - b)x + 2a(b - 5a) = 0$.

Im Fall $b \neq 5a$ ist zur letzten Gleichung äquivalent: $x = \dfrac{2a(5a - b)}{5a - b} = 2a$.

Im Fall $b = 5a$ ist die Gleichung äquivalent zu $x(x \cdot 0 - 2a \cdot 0) = 0$, das heißt $0 = 0$; diese Gleichung wird von jedem $x \in D$ erfüllt.

Damit ist

$$L = \begin{cases} \{0; 2a\} & \text{wenn} \quad b \neq 5a \\ D & \text{wenn} \quad b = 5a \end{cases}$$

Beispiele:

2.1.1: Das folgende Beispiel zeigt, daß sich die Lösungsmengen ändern können, wenn man mit Termen multipliziert bzw. dividiert, die auch Null sein können:
Bezüglich der Definitionsmenge $\mathbf{R}$ hat $x - 1 = 1$ die Lösungsmenge $\{2\}$.
Dagegen hat
$(x - 1) \cdot x = 1 \cdot x$ die (größere) Lösungsmenge $\{0; 2\}$.
Multiplizieren (bzw. Dividieren) mit dem Term x, der auch 0 sein kann, vergrößert (bzw. verkleinert) also die Lösungsmenge.
Solche Umformungen sind keine Äquivalenz-Umformungen!

2.1.2: Zu lösen ist die Gleichung

$$\frac{ax}{b(a - x)} - \frac{bx}{a(a - x)} - \frac{b}{a} = 1 \ .$$

Im Fall $a = 0$ oder $b = 0$ wären Terme der gegebenen Gleichung nicht sinnvoll; wir setzen also $a \neq 0$; $b \neq 0$ voraus.

Die Definitionsmenge der Gleichung ist $\{x \in \mathbf{R} |\ x \neq a\}$.

Zur Vereinfachung multipliziert man mit dem Hauptnenner $ab(a-x)$. Äquivalent sind dann die Gleichungen

$$a^2x - b^2x - b^2(a-x) = ab(a-x)$$
$$a^2x - b^2x - b^2a + b^2x = a^2b - abx$$
$$a^2x + abx = a^2b + ab^2$$
$$xa(a+b) = ab(a+b) \quad .$$

Im Fall $a \neq 0$; $a + b \neq 0$ kann man beidseitig durch $a(a+b)$ dividieren. Man erhält mit $x = b$ eine zur ursprünglichen Gleichung äquivalente Gleichung; deren Lösungsmenge ist offensichtlich
$$L = \{b\}.$$

Gesondert zu betrachten ist der Fall $a(a+b) = 0$. Dann muß einer der Faktoren 0 sein. Wegen $a \neq 0$ bedeutet das $a + b = 0$, das heißt $b = -a$, so daß die gegebene Gleichung lautet:

$$\frac{ax}{-a(a-x)} - \frac{-ax}{a(a-x)} - \frac{-a}{a} = 1$$
$$\iff -\frac{x}{a-x} + \frac{x}{a-x} + 1 = 1$$
$$\iff 0 = 0.$$

Diese Gleichungen werden durch jedes $x \in D$ erfüllt. Im Fall $a + b = 0$ ist also die Lösungsmenge gleich der Definitionsmenge.

Aufgaben:

2.1.1: Für welche $a, b \in \mathbf{R}$ ist die Gleichung

$$\frac{2x-a}{a-b} + \frac{x+b}{a+b} = \frac{2ab}{a^2 - b^2}$$

definiert? Bestimmen Sie die Lösungsmenge!

2.1.2: Bestimmen Sie Definitions- und Lösungsmenge!
a)
$$\frac{1}{1-x} = 1$$

b) $$\frac{1}{1-x} = 0$$

c) $$\frac{1}{1-x} - \frac{1}{1+x} = 2$$

d) $$\frac{1}{1-x} - \frac{1}{1+x} = \frac{2}{1-x^2}$$

e) $$\frac{x^2 - x - 2}{x+1} = 1$$

f) $$\frac{x^2 - 1}{(x+1)(x+2)} = 1$$

g) $$\frac{a^2 - 1}{x - a} + \frac{a^2 + 1}{x + a} = a + \frac{a^3}{x^2 - a^2}$$

2.2. Ungleichungen

Da die Lösungsmenge einer Ungleichung häufig ein Intervall oder Vereinigung von Intervallen ist, denke man an eine Veranschaulichung auf der Zahlengeraden. Dabei verwenden wir die Schreibweise

$$\begin{aligned}
]a; b[&= \{x \in \mathbf{R} | \quad a < x < b \quad \} \\
[a; b] &= \{x \in \mathbf{R} | \quad a \leq x \leq b \quad \} \\
[a; b[&= \{x \in \mathbf{R} | \quad a \leq x < b \quad \} \\
]a; b] &= \{x \in \mathbf{R} | \quad a < x \leq b \quad \} \\
]-\infty; a] &= \{x \in \mathbf{R} | \quad x \leq a \quad \} \\
[a; +\infty[&= \{x \in \mathbf{R} | \quad x \geq a \quad \} \quad \text{usw.}
\end{aligned}$$

Testaufgabe 2.2:

Bestimmen Sie Definitions– und Lösungsmenge der Ungleichung

$$\frac{x^2 - 1}{1 + x} \leq \frac{2}{x} \quad !$$

Lösung zu Testaufgabe 2.2:

$$D = \{x \in \mathbf{R} | \; x \neq -1 \quad \text{und} \quad x \neq 0 \; \} \; .$$

Für $1 + x \neq 0$ kann man links kürzen; für $x \in D$ ist also eine äquivalente Ungleichung:

$$x - 1 \leq \frac{2}{x} \; .$$

Zur weiteren Vereinfachung multiplizieren wir mit $x \neq 0$:
Fallunterscheidung:
(I) Im Fall $x > 0$ sind äquivalent:

$$x^2 - x \leq 2 \iff x^2 - x - 2 \leq 0 \iff (x-2)(x+1) \leq 0 \; .$$

Wenn ein Produkt Null ist, muß einer der Faktoren Null sein.
Wenn ein Produkt < 0 ist, müssen die beiden Faktoren verschiedenes Vorzeichen haben:

$$(x \leq 2 \text{ und } x \geq -1) \text{ oder } (x \geq 2 \text{ und } x \leq -1) \; ;$$

Letzteres ist nicht möglich; da x von vorneherein > 0 sein sollte, bleibt nur die Möglichkeit

$$0 < x \leq 2 \; :$$

$$L_I = \;]0; 2] \; .$$

(II) Im Fall $x < 0$ sind äquivalent:

$$x^2 - x \geq 2 \iff (x-2)(x+1) \geq 0 \; .$$

Wenn ein Produkt > 0 ist, müssen die beiden Faktoren gleiches Vorzeichen haben:

$$(x \geq 2 \text{ und } x \geq -1) \text{ oder } (x \leq 2 \text{ und } x \leq -1) \; ;$$

da $x = -1$ nicht zum Definitionsbereich gehört, bleibt

$$\iff (x \geq 2 \text{ oder } x < -1) \; ;$$

somit ist

$$L_{II} = \{x < 0 | \; x < -1 \text{ oder } x \geq 2 \; \} = \;]-\infty; -1[\; .$$

Die Lösungsmenge der ursprünglichen Ungleichung ist also

$$L = \; L_I \cup L_{II} \; .$$

Nun soll das Lösen von Ungleichungen eingehender geübt werden:

Beispiel:

2.2.1:
$$12 - 5x < 4 - x \quad .$$

Beidseitige Addition von $5x - 4$ liefert die äquivalente Ungleichung $8 < 4x$.

Wie bei Gleichungen kann man also algebraische Summen "auf die andere Seite transportieren".

Division durch 4 ergibt die äquivalente Ungleichung $2 < x$, aus der sich die Lösungsmenge ablesen läßt:
$$L = \,]2; \infty[\quad .$$

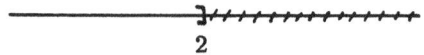

Beim Multiplizieren von Ungleichungen sind häufig Fallunterscheidungen nötig.

Beispiele:

2.2.2: a) Die Ungleichung
$$\frac{1+x}{1-x} < 2$$
wird durch Multiplikation mit $(1-x)$ äquivalent umgeformt, wobei folgende Fallunterscheidung nötig ist:

(I) Im Fall $\quad 1 - x > 0 \iff x < 1 \quad$ lautet die äquivalente Ungleichung
$$1 + x < 2(1-x) \iff 3x < 1 \iff x < \frac{1}{3} \quad .$$

Alle $x < 1/3$ erfüllen in diesem Fall die Ungleichung:
$$L_I = \{x \in \mathbf{R} |\, x < \frac{1}{3}\} = \,]-\infty; \frac{1}{3}[\quad .$$

(II) Im Fall $\quad 1 - x < 0 \iff x > 1 \quad$ lautet die äquivalente Ungleichung
$$1 + x > 2(1-x) \iff 3x > 1 \iff x > \frac{1}{3} \quad .$$

Alle $x > 1$ sind $> 1/3\quad$ und erfüllen die Ungleichung:
$$L_{II} = \,]1; \infty[.$$

Die gesamte Lösungsmenge ist also $L = L_I \cup L_{II}$.

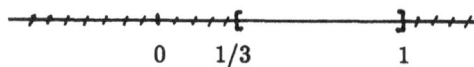

b) Die Ungleichung $(x-1)(x+2) < 0$ soll durch $(x-1)$ dividiert werden:
(I) $x > 1$: Dann lautet die Ungleichung: $x+2 < 0$; es ist also
$L_I = \{x > 1 |\, x < -2\} = \{\ \}$.
(II) $x < 1$: Dann lautet die Ungleichung: $x+2 > 0$; es ist also
$L_{II} = \{x < 1 |\, x > -2\} = \,]-2; 1[$.
Insgesamt: $L = L_I \cup L_{II} = L_{II}$.

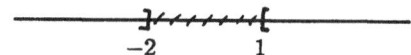

Man kann natürlich auch so argumentieren:
Da $(x-1)(x+2) < 0$ müssen die beiden Faktoren verschiedenes Vorzeichen haben; es folgt
(I) $L_I = \{x \in \mathbf{R} |\, x-1 < 0 \text{ und } x+2 > 0\} = \,]-2; 1[$
(II) $L_{II} = \{x \in \mathbf{R} |\, x-1 > 0 \text{ und } x+2 < 0\} = \{\ \}$.

$$|x-a| \quad \text{bedeutet} \quad \begin{cases} x-a \\ 0 \\ a-x \end{cases} \quad \text{falls} \quad \begin{cases} x > a \\ x = a \\ x < a \end{cases}.$$

Beispiel 2.2.3: $|x-2| > 1$ ist daher äquivalent mit

$$\begin{cases} x-2 > 1 \iff x > 3 \\ 0 > 1 \\ 2-x > 1 \iff x < 1 \end{cases} \quad \text{falls} \quad \begin{cases} x > 2 \\ x = 2 \\ x < 2 \end{cases}.$$

Daher ist die Lösungsmenge:
$L = \,]3; \infty[\,\cup\, \{\} \,\cup\,]-\infty; 1[\,=\,]-\infty; 1[\,\cup\,]3; \infty[$.

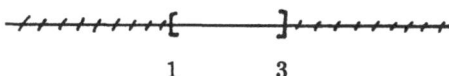

$|x-a|$ bedeutet geometrisch den *Abstand* des **Punktes** x der **Zahlengeraden vom Punkt** a **der Zahlengeraden**.

Beispiel 2.2.3:
Man kann daher die Lösungsmenge von $|x-2|>1$ auch folgendermaßen gewinnen:
L ist die Menge der Punkte der Zahlengeraden, die von 2 einen größeren Abstand als 1 haben.

Aufgaben:

2.2.1: a)
$$2x - 3 < 7x + 4$$

b)
$$\frac{x}{3} - 4 \leq \frac{x}{5}$$

c)
$$(2-x)(1+x) \geq (3-x)(4+x)$$

d)
$$ax < x + a \qquad (a \in \mathbf{R})$$

e)
$$\frac{x}{a+1} - \frac{1}{a-1} > \frac{1}{a^2 - 1} \qquad (a \neq \pm 1)$$

2.2.2: Bestimmen Sie Definitions- und Lösungsmenge:

a)
$$\frac{1}{x-1} \geq 2$$

b)
$$\frac{4}{2x-3} > 5$$

c)
$$\frac{x-2}{x+3} > 6$$

d)
$$\frac{1}{x+1} \geq 0$$

e)
$$(x+2)(x+1) \leq 0$$

f) $$(x+2)(x+1) > 0$$
g) $$x^2 - 4x > 0$$
h) $$(x-3)^2 > 0$$
i) $$x^2 - 7x + 12 < 0$$
j) $$\frac{2}{x} > 1 + x$$

2.2.3: a) $$|x| < 3$$
b) $$|x-3| < 1$$
c) $$|x+1| \geq 1$$

2.3. Gleichungen höheren Grades

Testaufgabe 2.3:

Geben Sie die Lösungsmenge der Gleichung
$$\frac{x^5 - x^4}{2 - 3x^2} = 1 - x$$
an!

Lösung zu Testaufgabe 2.3:

$$D = \{x \in \mathbf{R} \mid x \neq \pm\sqrt{\frac{2}{3}}\} \ .$$

Durch Multiplikation mit $\quad 2 - 3x^2 \neq 0 \quad$ erhält man
$$x^5 - x^4 = 2 - 3x^2 - 2x + 3x^3 \iff x^5 - x^4 - 3x^3 + 3x^2 + 2x - 2 = 0 \ .$$
Etwa mit Hilfe einer Wertetabelle kann man die Lösung $x = 1$ dieser Gleichung 5. Grades erraten. Dann geht die Division durch den Linearfaktor $x - 1$ auf; die Gleichung lautet
$$(x - 1)(x^4 - 3x^2 + 2) = 0 \ .$$
Die übrigen Lösungen müssen Nullstellen des zweiten Faktors sein. Die "biquadratische" Gleichung $x^4 - 3x^2 + 2 = 0$ läßt sich durch die Substitution $x^2 = u$ in die "quadratische" Gleichung
$$u^2 - 3u + 2 = 0$$
überführen; deren Lösungen sind nach der bekannten Formel
$$u_{1/2} = \frac{3 \pm \sqrt{9 - 8}}{2} = \begin{cases} 2 \\ 1 \end{cases} \ .$$
Daher hat die biquadratische Gleichung die Lösungsmenge $\{+1, -1, +\sqrt{2}, -\sqrt{2}\}$. Die ursprüngliche Gleichung hat dieselbe Lösungsmenge, wobei $x = 1$ "zweifache" Lösung ist, das heißt, sogar $(x - 1)^2$ läßt sich aus der linken Seite der Gleichung 5. Grades abspalten.

Zum Lösen einer quadratischen Gleichung
$$ax^2 + bx + c = 0 \qquad (a \neq 0; \quad a, b, c \in \mathbf{R}; \quad \text{Grundmenge } \mathbf{R})$$
dient die Formel
$$x_{1/2} = \frac{1}{2a}(-b \pm \sqrt{b^2 - 4ac}) \ .$$
Ist die *Diskriminante*
$$d = b^2 - 4ac \qquad \begin{cases} > 0 \\ = 0 \\ < 0 \end{cases}$$
so gibt es
$$\begin{cases} \text{\textbf{2 verschiedene reelle Lösungen}} \\ \text{\textbf{1 reelle Lösung}} \\ \text{\textbf{keine reelle Lösung}} \end{cases} \ .$$

Beispiel 2.3.1:
$$2x^2 = \frac{5}{x^2} - 3$$
hat die Definitionsmenge $\{x \in \mathbf{R}|\ x \neq 0\}$.

Multiplikation mit dem Hauptnenner $x^2 \neq 0$ liefert
$$2x^4 = 5 - 3x^2 \iff 2x^4 + 3x^2 - 5 = 0 \ .$$

Substitution $u = x^2$ führt zur quadratischen Gleichung
$$2u^2 + 3u - 5 = 0 \ ;$$
deren Lösungen sind
$$u_{1/2} = \frac{1}{4}(-3 \pm \sqrt{9+40}) = \begin{cases} 1 \\ -2.5 \end{cases} \ .$$

$x^2 = u = 1$ \quad hat die Lösungsmenge $\{+1; -1\}$,
$x^2 = u = -2.5$ \quad hat die Lösungsmenge $\{\ \}$.
Die Lösungsmenge der gegebenen Gleichung ist also $L = \{+1; -1\}$.

Führt die Vereinfachung einer Gleichung auf eine Gleichung höheren als zweiten Grades, so ist man im allgemeinen auf das Erraten einer Lösung angewiesen. Hilfreich können dabei eine *Wertetabelle* oder ein *Funktionsgraph* sein.

Hat man eine Lösung erraten, so kann man einen *Linearfaktor* abspalten — siehe 1.3 — und damit den Grad reduzieren.

Beispiel 2.3.2:
$$x^2 + \frac{2x^2}{x+1} = 18 + \frac{22}{x+1}$$
hat die Definitionsmenge $D = \{x \in \mathbf{R}|\ x \neq -1\}$.
Multiplikation mit $x+1 \neq 0$ führt auf
$$x^3 + x^2 + 2x^2 = 18x + 18 + 22 \iff \underbrace{x^3 + 3x^2 - 18x - 40}_{y(x)} = 0 \ .$$

Wegen $y(0) = -40$ und $y(10) = +1080$ gibt es eine positive Nullstelle von $y(x)$ zwischen 0 und 10 .
Wir setzen die Wertetabelle fort und engen das Intervall ein, in dem die Nullstelle liegt: $y(5) = +70$, $y(4) = 0$. Hier haben wir Glück gehabt: Wir sind exakt auf die Nullstelle $x_1 = 4$ gestoßen!

Nun läßt sich $(x-4)$ abspalten:

$x^3 + 3x^2 - 18x - 40 = (x-4)(x^2 + 7x + 10)$.
$\underline{x^3 - 4x^2}$

$\quad\ 7x^2 - 18x$
$\quad\ \underline{7x^2 - 28x}$

$\qquad\quad 10x - 40$
$\qquad\quad \underline{}$

$x^2 + 7x + 10 = 0$ hat die Lösungen

$$x_{2/3} = \frac{1}{2}(-7 \pm \sqrt{49 - 40}) = \begin{cases} -2 \\ -5 \end{cases} .$$

Daher ist die Lösungsmenge der ursprünglichen Gleichung $L = \{-5, -2, +4\}$.

Aufgaben:

2.3.1: Ermitteln Sie die Lösungen folgender Gleichungen:
  a) $2x^2 - 7x + 5 = 0$
  b) $2x^2 - 7x - 5 = 0$
  c) $3x^2 + 5x + 10 = 0$
  d) $2x^2 - 52x + 338 = 0$
  e) $9x^2 - 144x = 0$
  f) $x^6 + 5x^3 - 36 = 0$
  g) $3x^4 + 5x^2 + 10 = 0$
  h)
  $$\frac{1}{x^2} - \frac{1}{x} - 2 = 0$$
  i)
  $$\frac{1-x}{1+x} = x$$

2.3.2: Ebenso für
  a) $x^3 + 4x^2 + x - 6 = 0$
  b) $x^4 - 3x^2 - 2x = 0$
  c)
  $$2(1 + \frac{1}{x}) = \frac{10x - 6}{x^3}$$
  d)
  $$x^2 + 2x + \frac{2x}{x-1} = 5 + \frac{2}{x-1}$$

2.4. Nicht–Äquivalenz–Umformungen

Umformungen, bei denen sich die Lösungsmenge ändert, nennt man *Nicht-Äquivalenz-Umformungen*. Sie sind manchmal nicht zu vermeiden, z. B. bei "Wurzel–Gleichungen".

Quadriert man eine *Wurzelgleichung*, so kann sich die Lösungsmenge vergrößern.

Um Lösungen auszuscheiden, die nach dem Quadrieren zusätzlich auftreten, muß man daher in der gegebenen Wurzelgleichung die Probe machen.

Testaufgabe 2.4:

Bestimmen Sie Definitions– und Lösungsmenge von

$$\frac{x+10}{\sqrt{x+2}} = \sqrt{3(x-2)} + 3\sqrt{x+2} \qquad !$$

Lösung zu Testaufgabe 2.4:

$$D = \{x \in \mathbf{R} |\ x \geq 2\}\ .$$

Für $x \in D$ sind äquivalent:

$$x + 10 = \sqrt{3(x-2)(x+2)} + 3(x+2) \iff -2x + 4 = \sqrt{3(x^2 - 4)}\ .$$

Es folgt die quadratische Gleichung

$$4x^2 - 16x + 16 = 3x^2 - 12 \iff x^2 - 16x + 28 = 0$$

$$\iff x_{1/2} = \frac{1}{2}(16 \pm \sqrt{256 - 112})\ .$$

Lösungsmenge der quadratischen Gleichung: $\{14;\ 2\}$
Lösungsmenge der gegebenen Wurzelgleichung: $\{2\}$.

Beispiel 2.4:

Um die Lösungsmenge L von

$$x = \sqrt{2 - x} \tag{1}$$

anzugeben, muß man die Wurzel beseitigen, man muß quadrieren.
Man erhält die (äquivalenten) Gleichungen

$$x^2 = 2 - x \iff x^2 + x - 2 = 0 \iff (x-1)(x+2) = 0\ . \tag{2}$$

Letztere haben die Lösungsmenge $L_2 = \{-2;\ 1\}$.
Setzt man zur Probe in (1) ein, so zeigt sich, daß nur 1 Lösung von (1) ist:

$$1 = \sqrt{2 - 1},$$

nicht dagegen -2 :

$$-2 \neq \underbrace{\sqrt{2 - (-2)}}_{2}\ .$$

Die Gleichung (1) hat also nur die Lösungsmenge $L = \{1\}$.

Es hat sich gezeigt: Die Gleichungen (1) und (2) sind nicht äquivalent, es gilt zwar (1) $\Rightarrow$ (2), aber nicht (1) $\iff$ (2) .
Wir wollen uns klarmachen, warum die andere Lösung verlorengegangen ist:

(2) ist äquivalent zu $|x| = \sqrt{2-x}$ und dies zu

$$x = \sqrt{2-x} \quad (\text{wenn} \quad x \geq 0) \tag{1}$$

oder

$$-x = \sqrt{2-x} \quad (\text{wenn} \quad x \leq 0) \ . \tag{1'}$$

Ersichtlich ist 1 Lösung von (1) und -2 Lösung von (1').
Die quadratische Gleichung (2) ist also zu

$$(1) \quad \text{oder} \quad (1')$$

äquivalent.

Aufgaben:

2.4.1: Berechnen Sie
   a) $\sqrt{(-5)^2}$
   b) $\sqrt[4]{(-2)^6}$
   c) $\sqrt{a^2}$
   d) $\sqrt{(x-3)^2}$

2.4.2: Bestimmen Sie die Lösungsmenge zu
   a) $(x-3)^2 = 16$
   b) $x - 3 = 4$
   c) $-(x-3) = 4$
   d) $|x-3| = 4$

2.4.3: Bestimmen Sie die Lösungsmenge:
   a) $\sqrt{x+4} = x+2$
   b) $x - 5 = 3 + \sqrt{4+x}$
   c) $\sqrt{x-1} = \sqrt{x^2-1}$
   d)
$$\frac{x-2}{\sqrt{x-1}} = \sqrt{x-1} + 1$$
   e) $\sqrt{x-1} + \sqrt{x+1} = x+1$
   f) $\sqrt{2x-3} = 5 - \sqrt{x+5.5}$
   h) $\sqrt{2.5x - 10} + \sqrt{3.5x - 10} = 2$

2.5. Logische Operationen

Aussagen kann man *negieren*:

non A   bedeutet "*A* gilt nicht ".

Beispiel:

$A =$ "Die Anzahl der positiven Teiler von 1000 ist größer als 20"
non A $=$ "Die Anzahl der positiven Teiler von 1000 ist kleiner oder gleich 20"
(Welche der beiden Aussagen ist wahr?)

Auch Aussageformen kann man negieren; die Erfüllungsmengen ergänzen sich dann zur Grundmenge:

Beispiel:

$$A(x) = \text{"}x^2 > 30\text{"}$$
$$non\ A(x) = \text{"}x^2 \leq 30\text{"}$$

Aussagen und Aussageformen kann man durch *und* bzw. *oder* verknüpfen.

Beispiel:

$A =$ "Meine Tochter wünscht sich ein Auto"
$B =$ "Meine Tochter wünscht sich einen Bergurlaub"

"*A* und *B*"   sowie   "*A* oder *B*"   sind denkbar.

Setzt man vor eine Aussageform $A(x)$ einen *Quantor* der Form
"Für alle $x \in G$ gilt ..." oder
"Es existiert (mindestens) ein $x \in G$ mit der Eigenschaft ..."
so entsteht eine *All-Aussage* bzw. eine *Existenz-Aussage*.

Beispiele:

a) "Für alle $n \in \mathbf{N}$ (Menge der natürlichen Zahlen)   ist $n^2 - n + 41$ Primzahl"
(Diese Aussage ist falsch, wie das Gegenbeispiel $n = 41$ zeigt).

b) "Es existiert ein $n \in \mathbf{N}$ mit der Eigenschaft, daß $n^2 - n + 41$ Primzahl ist"
(Daß diese Aussage wahr ist, zeigt zum Beispiel $n = 2$).

Derartige zusammengesetzte Aussagen sind folgendermaßen zu negieren:

non (A und B) = (non A) oder (non B)
non (A oder B) = (non A) und (non B)
non (Für alle $x \in G$ gilt A(x)) = Es existiert ein $x \in G$ mit non A(x)
non (Es existiert ein $x \in G$ mit A(x)) = Für alle $x \in G$ gilt non A(x)

Viele mathematische Aussagen haben die Form einer *Implikation*

$$A \Rightarrow B,$$

das heißt:
"Aus der *Voraussetzung* A folgt die *Behauptung* B " oder
"Wenn A gilt, dann gilt auch B " oder
"A ist hinreichend für B " oder
"B ist notwendig für A "

Gleichwertig mit " $A \Rightarrow B$ " **ist**
" $(non\ B) \Rightarrow (non\ A)$ "   (*Kontraposition*).

Man benützt dies beim Verfahren des *indirekten Beweises*:
"$A \Rightarrow B$" **wird bewiesen, indem man aus der Annahme** *(non B)*
einen Widerspruch zu A, **also** *(non A)*, **herleitet.**

Testaufgabe 2.5:
 a) Negieren Sie
    "Für alle $\varepsilon > 0$ existiert ein $\delta > 0$, so daß $|f(x) - f(x_0)| < \varepsilon$ oder $|x - x_0| \geq \delta$."
 b) Beweisen Sie für alle natürlichen Zahlen n die Ungleichung
$$\frac{n^3 + 2}{n^5 + n} > \frac{1}{n^2},$$
    indem Sie die gegenteilige Annahme zum Widerspruch führen!

Lösung zu Testaufgabe 2.5:

a) "Es existiert ein $\varepsilon > 0$, so daß für alle $\delta > 0$ gilt: $|f(x) - f(x_0)| \geq \varepsilon$ und $|x - x_0| < \delta$"

b) Annahme:
$$\frac{n^3 + 2}{n^5 + n} \leq \frac{1}{n^2}.$$

Es folgt:
$$n^5 + 2n^2 \leq n^5 + n$$
$$\Rightarrow 2n^2 \leq n$$
$$\Rightarrow n \leq \frac{1}{2}$$

$\Rightarrow$ Widerspruch zu $n \in \mathbf{N}$!

Beispiele:

2.5.1: a) A = "Lorenza ist Italienerin *und* hat schwarze Haare"
non A = "Lorenza ist keine Italienerin *oder* hat nicht schwarze Haare"

b) $non\ (x^2 > 30) \iff non\ (x < -\sqrt{30}\ oder\ x > \sqrt{30})$
$\iff x \geq -\sqrt{30}\ und\ x \leq \sqrt{30} \iff -\sqrt{30} \leq x \leq \sqrt{30} \iff x^2 \leq 30$

2.5.2: Die Kontraposition zu
"$f(x)$ differenzierbar $\Rightarrow f(x)$ stetig"
lautet: "$f(x)$ nicht stetig $\Rightarrow f(x)$ nicht differenzierbar"

Verwechseln Sie die Kontraposition nicht mit der (hier falschen) Negation
"$f(x)$ differenzierbar und (trotzdem) nicht stetig"

2.5.3: Wir führen einen indirekten Beweis für die Aussage
"$\sqrt{2}$ ist irrational", das heißt:
Aus A = " p und q sind teilerfremde natürliche Zahlen "
folgt B = " $\sqrt{2} \neq \frac{p}{q}$ "

Annahme: $non\ B \iff \sqrt{2} = p/q$
$\Rightarrow 2 = p^2/q^2 \Rightarrow 2q^2 = p^2 \Rightarrow 2$ Teiler von p
$\Rightarrow 2 \cdot 2$ Teiler von $p^2 \Rightarrow 4$ Teiler von $2q^2 \Rightarrow 2$ Teiler von q^2
$\Rightarrow 2$ Teiler von $q \Rightarrow$ Widerspruch zu A (p und q teilerfremd)
Annahme ($non\ B$) falsch $\Rightarrow B$ bewiesen.

Aufgaben:

2.5.1: Negieren Sie:
   a) J ist Türkin *oder* ihr Vater ist nicht Europäer
   b) Die Zahl der positiven Teiler von 10000 ist größer als 10 aber kleiner als 20
   c) $-1 \leq x \leq +3$
   d) $4 \leq x^2 \leq 9$
   e) Für alle $n \in \mathbb{N}$ gilt $1 + 2 + \ldots + n = n(n+1)/2$
   f) Für alle reellen Lösungen der Gleichung $e^x - 5x + 1 = 0$ gilt $0 < x < 1$ oder $2 < x < 3$
   g) Für alle $\varepsilon > 0$ existiert ein $n \in \mathbb{N}$ mit
   $$\left|\frac{n}{n+1} - 1\right| < \varepsilon$$
   h) Jede gerade Zahl ≥ 4 ist als Summe zweier Primzahlen darstellbar
   i) Für alle x mit $0 \leq x < 1$ gilt:
   Für alle $\varepsilon > 0$ existiert eine natürliche Zahl n_0, so daß für alle Nummern $n \geq n_0$ gilt: $x^n < \varepsilon$
   j) Für alle $\varepsilon > 0$ existiert eine natürliche Zahl n_0, so daß für alle Nummern $n \geq n_0$ und für alle x mit $0 \leq x < 1$ gilt: $x^n < \varepsilon$.

2.5.2: Bilden Sie die Kontraposition:
   a) Wenn X Italiener ist, ist X Europäer
   b) Wenn jemand mit stark überhöhter Geschwindigkeit in eine Radarmessung gerät, erhält er Punkte in Flensburg
   c) $\ln x < 0 \Rightarrow x < 1$

2.5.3: Führen Sie Widerspruchsbeweise für
   a) $0 \leq a < b,\ n \in \mathbb{N} \Rightarrow \sqrt[n]{a} < \sqrt[n]{b}$
   (bekannt sei: $0 \leq a < b,\ n \in \mathbb{N} \Rightarrow a^n < b^n$)
   b) $(2 < 3 \Rightarrow)$
   $$\frac{1}{\sqrt[3]{2}} > \frac{1}{\sqrt[3]{3}}$$
   c)
   $$(a \cdot b)^n = a^n \cdot b^n \Rightarrow \left(\frac{a}{b}\right)^n = \frac{a^n}{b^n}$$
   d) $x \in \mathbb{R},\ x > 0 \Rightarrow x + \frac{1}{x} \geq 2$

2.6. Gebundene Variable

Wenn eine Variable nur innerhalb eines Terms zur Beschreibung dieses Terms Bedeutung hat, spricht man von einer *gebundenen* Variablen.

Ein wichtiges Beispiel ist der sogenannte *Summations-Index*.

Beispiel 2.6.1: In

$$\sum_{k=2}^{10} k^2 = 2^2 + 3^2 + \ldots + 10^2$$

dient die Variable k nur zur Beschreibung der *Summation*.

Was mit Hilfe des *Summenzeichens* abgekürzt ist, erscheint rechts ausgeschrieben — die drei Punkte bedeuten "usw. bis". Mit anderen Worten: Der Terms k^2 wird berechnet, indem man

"Terme der Form k^2 über k von 2 bis 10 summiert".

Der sogenannte Summations-Index k ist in der Regel ganzzahlig oder sogar natürlich.

2 bzw. 10 sind in diesem Beispiel die "untere" bzw. "obere" *Indexgrenze*.

$$\sum_{k=1}^{n} a_k$$

ist eine Abkürzung für

$$a_1 + a_2 + \ldots + a_{n-1} + a_n \quad .$$

Die ganze Zahl k heißt *Summations-Index*, 1 heißt untere, n obere *Indexgrenze*; die untere Indexgrenze kann auch 0 oder eine andere ganze Zahl sein.

$$\sum_{k=1}^{n} a_k$$

wird *rekursiv* berechnet:

Man erhält diesen Term, indem man zum bereits berechneten Term

$$\sum_{k=1}^{n-1} a_k = a_1 + a_2 + \ldots + a_{n-1}$$

den Summanden a_n addiert ($n = 2, 3, \ldots$);

Ausgangsterm ist
$$\sum_{k=1}^{1} a_k = a_1 \ .$$

Weil der Summations-Index sich als *gebundene* Variable nur auf die jeweilige Summe bezieht und in der ausgeschriebenen Summe gar nicht auftritt, — kann man ihn beliebig umbenennen oder dafür substituieren, ohne daß sich die dargestellte Summe ändert (*Index-Transformation*).

Bei einer Index-Transformation hat man an drei Stellen zu substituieren, unter dem Summenzeichen, sowie bei unterer und oberer Indexgrenze.

Beispiel:

2.6.2:
$$\sum_{i=1}^{9} (i+1)^2$$

beschreibt ebenfalls die Summe in Beispiel 2.6.1: $\quad 2^2 + 3^2 + \ldots + 10^2$.

Bei dieser Index-Transformation $k = i + 1$ ist an drei Stellen eine Substitution erfolgt:
"unter" dem (Geltungsbereich des) Summenzeichen(s): $k = i + 1$,
an der unteren Indexgrenze: $i = 1$ statt $k = 2$,
an der oberen Indexgrenze: $(i =)9$ statt $(k =)10$.

Testaufgabe 2.6:
Berechnen Sie
$$\sum_{k=0}^{15} (k+4)^3 + \sum_{k=5}^{20} (k-1)^3 \ ,$$
wenn
$$\sum_{k=1}^{n} k^3 = \frac{n^2(n+1)^2}{4}$$
bekannt ist!

Lösung zu Testaufgabe 2.6:

Man muß in den beiden Summentermen unabhängig voneinander jeweils eine Index-Transformation durchführen, um die Summen zusammenfassen zu können,

z. B. im ersten Term $k + 4 = m$,

im zweiten Term $k - 1 = m$:

$$\sum_{m=4}^{19} m^3 + \sum_{m=4}^{19} m^3 = 2 \cdot \sum_{m=4}^{19} m^3$$

$$= 2 \cdot (\sum_{m=1}^{19} m^3 - \sum_{m=1}^{3} m^3) = 2 \cdot (\frac{19^2 \cdot 20^2}{4} - \frac{3^2 \cdot 4^2}{4})$$

$$= \frac{1}{2}(144400 - 144) = 72128.$$

Damit Sie die Verwendung gebundener Variabler und ihre Transformation üben können, hier noch ein

Beispiel:

2.6.3: a)
$$\sum_{k=12}^{96} \frac{1}{k-8} = \frac{1}{4} + \frac{1}{5} + \frac{1}{6} + \ldots + \frac{1}{87} + \frac{1}{88}.$$

b) Um den Index so zu transformieren, daß $\frac{1}{i}$ der Term unter dem Summenzeichen ist, hat man $i = k - 8$ bzw. $k = i + 8$ zu setzen:

$$\sum_{i+8=12}^{(i+8=)96} \frac{1}{i} = \sum_{i=4}^{88} \frac{1}{i}.$$

c) Um die untere Indexgrenze 1 zu erzwingen, hat man $j = k - 11$ bzw. $k = j + 11$ zu setzen:

$$\sum_{j+11=12}^{(j+11=)96} \frac{1}{(j+11)-8} = \sum_{j=1}^{85} \frac{1}{j+3}.$$

d) Um die obere Indexgrenze 100 zu erzwingen, hat man $m = k + 4$ bzw. $k = m - 4$ zu setzen:

$$\sum_{m-4=12}^{(m-4=)96} \frac{1}{(m-4)-8} = \sum_{m=16}^{100} \frac{1}{m-12}.$$

Aufgaben:

2.6.1: Schreiben Sie ausführlich:

a)
$$\sum_{k=2}^{22} \frac{1}{k^2+1}$$

b)
$$\sum_{i=1}^{10} (-1)^{i+1} i^2$$

c)
$$\sum_{k=1}^{10} (-1)^{k+1} k^2$$

d)
$$\sum_{k=1}^{10} (-1)^k k^2$$

e)
$$\sum_{k=2}^{11} (-1)^k (k-1)^2$$

2.6.2: Schreiben Sie mit Hilfe des Summenzeichens:

a)
$$\frac{1}{2} + \frac{2}{2^2} + \frac{3}{2^3} + \ldots + \frac{20}{2^{20}}$$

b) $1 + 3 + 5 + \ldots + (2n-1)$

c)
$$\frac{1}{1 \cdot 3} + \frac{1}{3 \cdot 5} + \ldots + \frac{1}{(2n-1)(2n+1)}$$

d)
$$1 - \frac{1}{2} + \frac{1}{3} - \frac{1}{4} + - \ldots + (-1)^n \cdot \frac{1}{n-1}$$

2.6.3:

a)
$$\sum_{i=12}^{22} 2^{i-5}$$

Führen Sie Index-Transformationen so durch, daß
der allgemeine Summand 2^k lautet,
die untere Indexgrenze bei $m = 0$ liegt,
die obere Indexgrenze bei $n = 50$ liegt!
Schreiben Sie die Summe auch ausführlich!

b) Berechnen Sie mit Hilfe der Formeln

$$\sum_{k=1}^{n} k = \frac{n(n+1)}{2}, \quad \sum_{k=1}^{n} k^2 = \frac{1}{6} \cdot n(n+1)(2n+1)$$

den Term

$$\sum_{i=10}^{25} i^2$$

als Differenz zweier Summen mit der unteren Indexgrenze 1 !

c) Ebenso für

$$\sum_{i=2}^{101}(i+2) + \sum_{i=4}^{103}(i-3)^2 .$$

Warum kann man in diesem Term für i verschiedene Ausdrücke substituieren?

2.6.4: Auch die *Integrationsvariable* bei einem *bestimmten Integral* ist eine gebundene Variable:

a) Berechnen Sie

$$\int_{2}^{3} x^2 \, dx, \quad \int_{2}^{3} y^2 \, dy, \quad \int_{-8}^{-7} (z+10)^2 \, dz \quad !$$

b) Berechnen Sie

$$\int_{8}^{20} (2x-15)^5 \, dx$$

nach geeigneter Substitution!

3. Potenzen. Exponentialfunktion. Logarithmus

3.1. Potenzgesetze

Für natürliche *Exponenten* n ist die *Potenz* a^n eine Abkürzung für das n-fache Produkt

$$\underbrace{a \cdot a \cdot a \ldots \cdot a}_{n-\text{mal}}$$

der *Basis* a.

Berechnet wird eine Potenz *rekursiv*:

$$a^0 = 1, \quad a^n = a^{n-1} \cdot a \quad (n \in \mathbf{N}) .$$

Definiert man zusätzlich für

$$a \neq 0: \quad a^{-n} = \frac{1}{a^n} ,$$

so kann man die folgenden Potenzgesetze begründen:

$$a^m \cdot a^n = a^{m+n}$$
$$\frac{a^m}{a^n} = a^{m-n} \quad (a \neq 0)$$
$$(a^m)^n = a^{m \cdot n}$$
$$(a \cdot b)^n = a^n \cdot b^n$$
$$\left(\frac{a}{b}\right)^n = \frac{a^n}{b^n} \quad (b \neq 0)$$

Diese Potenzgesetze lassen sich nach geeigneter Definition auch für rationale und sogar für reelle Exponenten m und n begründen, wenn $a, b > 0$:

Unter der Voraussetzung $a \geq 0$ ist dabei speziell
$x = \sqrt[n]{a} = a^{1/n}$ die eindeutig bestimmte Lösung der Gleichung $x^n = a$.
a heißt *Radikand* der *n-ten Wurzel*.
Es gilt

$$a^{m/n} = (\sqrt[n]{a})^m = \sqrt[n]{a^m} .$$

Testaufgabe 3.1:

Für welche $x, y, z \in \mathbf{R}$ ist folgender Term definiert? Vereinfachen Sie ihn! Schreiben Sie anschließend für gebrochene Exponenten Wurzeln und machen Sie den Nenner rational!

$$\left(\frac{\sqrt[5]{x}\sqrt{y^2}(z^2 x^3)^{1/2}}{\sqrt[4]{x^3 y^6}\sqrt[3]{z^4}} \right)^{-1/2}$$

Lösung zu Testaufgabe 3.1:

Da x z. B. Radikand von $\sqrt[4]{x}$ ist, muß $x \geq 0$ vorausgesetzt werden, da x auch im Nenner vorkommt, sogar $x > 0$.

y und z können dagegen positiv oder negativ sein, weil sie geradzahlige Exponenten haben. Beim Wurzelziehen ist daher eine Potenz von $|y|$ bzw. $|z|$ zu bilden!

$$\left(x^{1/4}x^{3/2}x^{-3/4}|y|^{2/2}|y|^{-6/4}|z|^{2/2}z^{-4/3}\right)^{-1/2}$$

$$= \left(x^{1/4+3/2-3/4} \cdot |y|^{1-3/2} \cdot |z|^{1-4/3}\right)^{-1/2}$$

$$= \left(x \cdot |y|^{-1/2} \cdot |z|^{-1/3}\right)^{-1/2} = x^{-1/2} \cdot |y|^{1/4} |z|^{1/6}$$

$$= \frac{\sqrt[4]{|y|} \cdot \sqrt[6]{|z|}}{\sqrt{x}} = \frac{\sqrt[4]{|y|} \cdot \sqrt[6]{|z|} \cdot \sqrt{x}}{x} \quad .$$

Beispiele:

3.1.1: Potenzen negativer Zahlen:

a) $(-1)^n = \left\{ \begin{matrix} +1 \\ -1 \end{matrix} \right.$ je nachdem $n \left\{ \begin{matrix} \text{gerade} \\ \text{ungerade} \end{matrix} \right.$

b) $(-x)^m = (-1)^m \cdot x^m = \pm x^m$ je nachdem $m \left\{ \begin{matrix} \text{gerade} \\ \text{ungerade} \end{matrix} \right.$

z. B. (n ganzzahlig):

$(-2)^{4n+7} = -2^{4n+7}$ weil $4n+7$ ungerade,
$(-2)^{-2n-6} = +2^{-2n-6}$ weil $-2n-6$ gerade ist.

3.1.2: Jede Dezimalzahl x läßt sich in *Standardform* bringen:

$$x = \text{Vorzeichen} \cdot \text{Mantisse} \cdot 10^{\text{ganzzahligerExponent}}$$

wobei $1 \leq \text{Mantisse} < 10$

z. B. $602\,250\,000\,000\,000\,000\,000\,000 = 6.02 \cdot 10^{26}$
$-0.000\,000\,000\,000\,000\,000\,160\,21 = -1.6021 \cdot 10^{-19}$

3.1.3:
$$\left(\frac{a^{-2}x^4y^{-6}}{b^3c^{-4}z^{-5}}\right)^2 : \left(\frac{a^{-3}b^{-5}x^3}{c^{-5}y^6z^{-7}}\right)^3 = \frac{a^{-4}x^8y^{-12}}{b^6c^{-8}z^{-10}} \cdot \frac{c^{-15}y^{18}z^{-21}}{a^{-9}b^{-15}x^9}$$

$$= a^5b^9c^{-7}x^{-1}y^6z^{-11} = \frac{a^5b^9y^6}{c^7xz^{11}}$$

Wurzeln kann man stets durch Potenzen mit rationalen Exponenten ersetzen und umgekehrt. Zur Berechnung von Termen sind rationale Exponenten bequemer.

Potenzgesetze

Man achte jedoch darauf, daß
$(x^{1/n})^m = (\sqrt[n]{x})^m$ und $(x^m)^{1/n} = \sqrt[n]{x^m}$
nicht dieselbe Definitionsmenge haben müssen!
Benützen Sie unter einer Wurzel

$$x^{2m} = |x|^{2m}$$

für Faktoren mit geradzahligen Exponenten!

Beispiel:

3.1.4: a)
$$\sqrt[3]{x^2} = (x^2)^{1/3}$$

hat die Definitionsmenge **R**, dagegen ist

$$(\sqrt[3]{x})^2 = (x^{1/3})^2$$

verabredungsgemäß nur für $x \geq 0$ definiert.

b)
$$\left(\frac{\sqrt[3]{x^2}}{\sqrt[5]{x^2}}\right)^3 = (|x|^{2/3} \cdot |x|^{-2/5})^3 = |x|^{(\frac{2}{3}-\frac{2}{5})\cdot 3} = |x|^{12/15} = |x|^{4/5} = \sqrt[5]{x^4}$$

ist für positive und (!) negative x definiert!

Durch Erweitern kann man Wurzeln im Nenner eines Bruchs vermeiden
(*Nenner rational machen*).
Bei Summen oder Differenzen von Quadratwurzeln ist die Verwendung der *binomischen Formel* $(a+b)(a-b) = a^2 - b^2$ **zweckmäßig.**

Beispiel 3.1.5:

a)
$$\frac{x^3}{\sqrt[3]{x^2}} = \frac{x^3 \cdot \sqrt[3]{x}}{\sqrt[3]{x^2} \cdot \sqrt[3]{x}} = \frac{x^3 \cdot \sqrt[3]{x}}{x^{2/3} x^{1/3}} = \frac{x^3 \sqrt[3]{x}}{x} = x^2 \cdot \sqrt[3]{x} \quad (x > 0)$$

b)
$$\frac{x-y}{\sqrt{x}+\sqrt{y}} = \frac{(x-y)(\sqrt{x}-\sqrt{y})}{(\sqrt{x}+\sqrt{y})(\sqrt{x}-\sqrt{y})} = \frac{(x-y)(\sqrt{x}-\sqrt{y})}{x-y} = \sqrt{x}-\sqrt{y} \quad (x,y>0).$$

Aufgaben:

3.1.1: a) $((-2)^{-2})^3$
b) $((-2)^3)^{-2}$
c) $(-2^3)^2$
d) $(-2^3)^{-2}$
e) $(-2^3)^3$
f) $((-2)^3)^{-3}$
g) $(-x^3)(-x^2)(-x)^4$
h) $x^7 - (-x)^7 + (-x)^6$
i) $(-a^2)^8 - ((-a^5)^3)$
j) $((-2)^6 - (-2^6)) : (-2^{(3^2)} - (2^2)^3)$
k) $\dfrac{(-2x)^{-2m}}{-2x^{-2m+1}}$
l) $(-2x^{-2})^{-3} + ((-2x)^{-2})^{-3}$
m) $(-2x^n)^4 - ((-2x)^4)^n$

3.1.2: Bringen Sie in Standardform:
a) 0.00000013
b) 300000000000
c) $(-2)^{-8}$
d) Schreiben Sie $1.3805 \cdot 10^{-23}$ aus!
e)
$$\frac{2.5 \cdot 10^{-16} \cdot 4 \cdot 10^{30}}{5 \cdot 10^{-8} \cdot 2 \cdot 10^{-10}}$$

f) Der Erdradius beträgt $6.37 \cdot 10^6 m$, die Dichte $5.5\, g \cdot cm^{-3}$;
$1\,g = 10^{-3}\,kg$; $1\,cm = 10^{-2}\,m$;
die Sonnenmasse beträgt $2 \cdot 10^{30}\,kg$.
Wie oft ist die Erd- in der Sonnenmasse enthalten?

3.1.3: a) $(a^4 - b^4)^2 - (a^4 + b^4)^2$
b) $((a-b)^{-3} - (a+b)^{-3})(a^2 - b^2)^3$
c) $(3x^2 y^3) \cdot (5x^{-1} y^2)^2$
d)
$$\frac{2+x^3}{x^7} + \frac{3}{x^4}$$

e)
$$\frac{1}{x} - \frac{2}{x^2} + \frac{1}{x^3}$$

f)
$$(x^2 - y^2)^2 \cdot \left(\frac{x-y}{x+y}\right)^3$$

g)
$$\frac{(2x^2y^3)^4}{(4x^3y^4)^2}$$

h)
$$\left(\frac{x^m y^n z^{r+1}}{x^2 y^{2-n} z^{r-2}}\right)^2$$

i)
$$\left(\frac{3x^2}{4y^3} - \frac{6x^3}{5y^2} + \frac{2x^4}{3y^2}\right) : \frac{3x^3}{2y^2}$$

j)
$$\frac{1}{x^n y^{n-3}} - \frac{3}{x^{n-1} y^{n-2}} + \frac{3}{x^{n-2} y^{n-1}} - \frac{1}{x^{n-3} y^n}$$

k)
$$\frac{x^k - y^k}{x^k + y^k} + \frac{x^k + y^k}{x^k - y^k}$$

l)
$$\frac{x^{2m} + y^n}{x^m - y^{2n}} - \frac{x^m + y^{2n}}{x^{2m} - y^n}$$

3.1.4: Für welche $x \in \mathbf{R}$ sind folgende Terme definiert?
a) $\sqrt{x^3}$
b) $\sqrt{2x - x^2}$
c) $\sqrt{2x - x^2 - 1}$
d) $\sqrt{x}$
e) $\sqrt[4]{x^2}$
f) $\sqrt{|x|}$
g) $\sqrt[3]{x}$
h) $\sqrt[6]{x^2}$
i) $\sqrt[3]{|x|}$
j) $\sqrt{(1 - 3x)^2}$
k) $\sqrt{(x^2 - 1)^2}$
l) $\sqrt{(x^2 - 1)^4}$
m) $\sqrt{144 + 48x + 4x^2}$

Radizieren Sie teilweise:
n) $\sqrt{x^7}$
o) $\sqrt{x^5 y^2}$
p) $\sqrt[12]{(x - 2)^{18}}$
q) $\sqrt[4]{48 x^6 y^9}$
r) $\sqrt[3]{108 x^6 y^4}$

s) $\sqrt[3]{\dfrac{a^3+b^3}{8x^6y^3}}$

t) $\sqrt[5]{x^{21}y^{14}z^7}$

u) $\left(\dfrac{\sqrt[4]{x^3y^2}}{\sqrt[8]{x^5y^{10}}}\right)^6$

v) $\sqrt[n]{x^{n+2}y^{2n-1}}$ (n ganzzahlig, ungerade)

3.1.5: a) $\dfrac{x}{\sqrt[3]{x}}$

b) $\dfrac{\sqrt[3]{x^2}}{\sqrt[6]{x^5}}$

c) $\dfrac{x}{\sqrt{x-y}}$

d) $\dfrac{x}{\sqrt{x}-\sqrt{y}}$

e) $\dfrac{x}{(1+\sqrt{x})(2-\sqrt{x})}$

f) $\dfrac{a+b}{\sqrt[3]{a}+\sqrt[3]{b}}$

g) $\sqrt[3]{\sqrt{xy^{-2}}\cdot\sqrt[4]{x^2y}\cdot\sqrt[6]{x^2y^{-3}}}$

h) $\sqrt[4]{x^3\cdot\sqrt[4]{(-2y)^6}\cdot(-\sqrt{2})^4}:\sqrt[8]{x^5y^{-1/3}}$

3.2. Die Exponentialfunktion

Testaufgabe 3.2:

a) Skizzieren Sie qualitativ $y = 0.5^{-(x-1)}$!

b) Nach wieviel Jahren verdoppelt sich ein Kapital $K(t) = K_0 \cdot q^t$ bei stetiger Verzinsung mit einem jährlichen Zinsfuß von 5%? (3 Nachpunktstellen)

Auf welches Vielfache des Anfangswerts K_0 ist es im gleichen Zeitraum bei 4.5% jährlichem Zinsfuß angewachsen? (3 Nachpunktstellen)

c) Bestimmen Sie die Lösungsmenge von $2^{2x} - 2^{x+1} - 3 = 0$ auf drei Nachpunktstellen genau!

Lösung zu Testaufgabe 3.2:

a) $y = 0.5^{-(x-1)} = (2^{-1})^{-(x-1)} = 2^{x-1}$

Der Graph dieser Funktion ist gegenüber dem von $y = 2^x$ um 1 Einheit nach rechts verschoben.

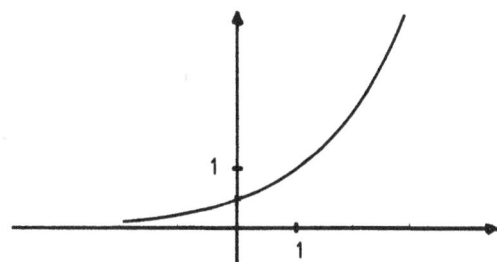

b) Aus
$$2 = \frac{K(0)q^{t+T}}{K(0)q^t} = q^T$$

folgt
$$T = \frac{\ln 2}{\ln q} = \frac{\ln 2}{\ln(1 + 5/100)} \simeq 14.207 \ .$$

Somit wird
$$K(T) = K_0(1 + \frac{4.5}{100})^T \simeq 1.869 \cdot K_0 \ .$$

c) Substitution von $u = 2^x$ liefert

$$u^2 - 2u - 3 = 0 \iff u = \frac{1}{2}(2 \pm \sqrt{4 + 12}) = \begin{cases} 3 \\ -1 \end{cases} \ .$$

$2^x = -1$ hat keine Lösung, $2^x = 3 \iff x = \log_2 3 \simeq 1.585$.
Daher ist $L = \{\log_2 3\}$.

Zur Wiederholung des *Funktions*-Begriffs:

Wird jedem x einer Menge D, der *Definitionsmenge*, durch eine Vorschrift f in eindeutiger Weise ein Element y einer Menge M zugeordnet, so nennt man f eine *Abbildung von D in M* oder eine *Funktion von $x \in D$ mit Werten in M* . Man schreibt

$$x \longmapsto y = f(x)$$

(**jedem x wird $y = f(x)$ eindeutig zugeordnet**).

Man nennt y das *Bild* von x, x ein *Original* von y. Die Variablen x bzw. y heißen *unabhängige* bzw. *abhängige* Variable.
Die Menge aller $y \in M$, die Bilder gewisser $x \in D$ sind, nennt man die *Wertemenge* W der Abbildung.
Sind D und M Teilmengen von **R**, so ist die Punktmenge
$\{(x; y = f(x)) \mid x \in D\}$ der Ebene der *Graph* der Funktion.

Nun betrachten wir eine besonders wichtige Funktion:

$$x \longmapsto y = a^x \quad (a > 0; a \neq 1)$$

heißt *Exponentialfunktion mit der Basis* a.

Definitionsmenge ist ganz **R**.

Wertemenge ist die Menge $\mathbf{R}^+$ der positiven Zahlen.

Dies bedeutet insbesondere, daß die Exponentialfunktion keine *Nullstelle* hat, der Graph verläuft ganz "oberhalb" der x-Achse.

Die Exponentialfunktion ist *stetig*,

das heißt, es gilt für alle konvergenten Folgen x_n:

$$\lim_{n \to \infty} a^{x_n} = a^{\lim_{n \to \infty} x_n}.$$

Dies beinhaltet, daß der Funktionsgraph "ohne abzusetzen" zu zeichnen ist.

Der Graph der Exponentialfunktion verläuft für beliebiges a durch den Punkt $(0; 1)$:

$$a^0 = 1$$

Für alle $x_1, x_2 \in D$ gilt die *Funktionalgleichung*

$$a^{x_1 + x_2} = a^{x_1} \cdot a^{x_2} \quad.$$

Für $a > 1$ ist die Exponentialfunktion *streng monoton wachsend*:

$$x_1 < x_2 \Rightarrow a^{x_1} < a^{x_2} \quad,$$

für $0 < a < 1$ *streng monoton fallend*:
$$x_1 < x_2 \Rightarrow a^{x_1} > a^{x_2} \quad .$$

Beispiel 3.2.1:

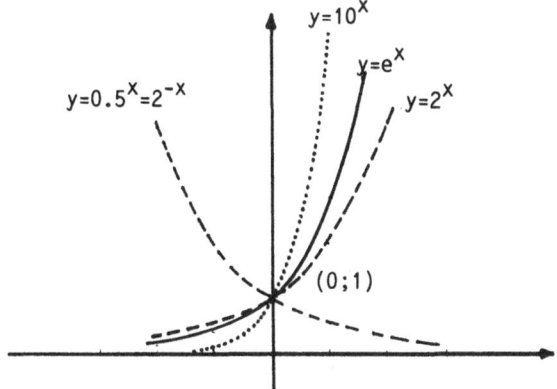

Exponentialfunktionen für $0 < a < 1$ **lassen sich wegen**
$$a^x = (\frac{1}{a})^{-x}$$
auf solche der Basis $\frac{1}{a} > 1$ **zurückführen, der Graph ist an der y-Achse "gespiegelt".**

Beispiel:
Der Graph von $y = 0.5^x = (\frac{1}{2})^x = 2^{-x}$ ist gegenüber dem von $y = 2^x$ an der y-Achse gespiegelt.

Aus den *Monotoniegesetzen* folgt für $a > 0$; $a \neq 1$:
$$a^{x_1} = a^{x_2} \iff x_1 = x_2 \quad .$$

Man definiert daher:
$$x = \log_a y$$
ist die eindeutig bestimmte Lösung der Gleichung
$$a^x = y \quad ,$$
es ist also
$$y = a^x \iff x = \log_a y \quad .$$

Die Basis
$$e = \lim_{n\to\infty} (1+\frac{1}{n})^n \simeq 2.71828$$
spielt eine besondere Rolle, weil die *Differentiation* der Exponentialfunktion für diese Basis besonders einfach verläuft. Man rechnet daher häufig die "allgemeine" Exponentialfunktion (zur Basis a) auf die *spezielle* Exponentialfunktion (zur Basis e) um:
Weil der *natürliche Logarithmus*
$$\log_e a = \ln a$$
von a die eindeutige Lösung y der Gleichung $a = e^y$ ist, gilt
$$a = e^{\ln a}$$

und daher
$$a^x = \left(e^{\ln a}\right)^x = e^{x\cdot \ln a} \quad .$$

Beispiel 3.2.2:

$$10^x = e^{x\cdot \ln 10}$$

$$2.7^x = 3.8 \iff e^{x\ln 2.7} = e^{\ln 3.8} \iff x = \frac{\ln 3.8}{\ln 2.7} \simeq 1.344 \quad .$$

Exponentialgleichungen, bei denen die Unbekannte x im Exponenten vorkommt, lassen sich daher lösen, wenn man sie auf die Form $y = a^x$ bringen kann. Mit Hilfe von

$$a^x = e^{x\cdot \ln a} \iff x\cdot \ln a = \ln y$$

oder auch
$$a^x = 10^{x\cdot \log_{10} a} \iff x\cdot \log_{10} a = \log_{10} y$$

findet man die Lösung auf dem Taschenrechner.

Beispiel 3.2.3:

a)
$$10^x = 5 \iff x = \log_{10} 5 \simeq 0.699$$

oder:
$$\iff e^{x\ln 10} = e^{\ln 5} \iff x = \frac{\ln 5}{\ln 10} \simeq 0.699.$$

b)
$$2^{x+1} - 3^{2x-1} = 2^{x-1} + 3^{2x+1} \iff$$
$$2^{x+1} - 2^{x-1} = 3^{2x+1} + 3^{2x-1} \iff 2^{x-1}(2^2 - 1) = 3^{2x-1}(3^2 + 1) \quad .$$

Die Potenzen mit gleicher Basis wurden also auf beiden Gleichungsseiten isoliert, so daß man jeweils die Potenz, welche x im Exponenten enthält, ausklammern konnte. Nun isolieren wir die Terme mit x auf der linken Seite und fassen zu einer Potenz zusammen:

$$\frac{2^{x-1}}{3^{2x-1}} = \frac{2^x \cdot 2^{-1}}{3^{2x} \cdot 3^{-1}} = \left(\frac{2}{3^2}\right)^x \cdot \frac{3}{2} \; ;$$

die gegebene Gleichung lautet jetzt:

$$\left(\frac{2}{9}\right)^x \cdot \frac{3}{2} = \frac{10}{3} \iff \left(\frac{2}{9}\right)^x = \frac{20}{9}$$

$$\iff e^{x \ln(2/9)} = e^{\ln(20/9)} \iff x = \frac{\ln(20/9)}{\ln(2/9)} \simeq -0.531$$

Exponentialfunktionen sind in Naturwissenschaften und Technik von großer Bedeutung, weil sie viele *Wachstums-* bzw. *Abnahme-Prozesse* beschreiben:

$y(t)$ sei ein solcher Prozeß, die unabhängige Variable t bedeute die "Zeit". In einer kleinen Zeitspanne Δt sei die Änderung $y(t+\Delta t) - y(t)$ der Größe y stets proportional zu $y(t)$ und zu Δt:

$$y(t+\Delta t) - y(t) = k \cdot y(t) \cdot \Delta t \iff y(t+\Delta t) = (1+k \cdot \Delta t) \cdot y(t) \; .$$

Ausgehend von $t = 0$ berechnen wir mit $\Delta t = \frac{t}{n}$ ($n \in \mathbf{N}$) sukzessive

$$y\left(0+\frac{t}{n}\right) = \left(1+k \cdot \frac{t}{n}\right) \cdot y(0)$$

$$y\left(2 \cdot \frac{t}{n}\right) = \left(1+k \cdot \frac{t}{n}\right) \cdot y\left(\frac{t}{n}\right) = \left(1+k \cdot \frac{t}{n}\right)^2 \cdot y(0)$$

$$y\left(3 \cdot \frac{t}{n}\right) = \left(1+k \cdot \frac{t}{n}\right) \cdot y\left(2 \cdot \frac{t}{n}\right) = \left(1+k \cdot \frac{t}{n}\right)^3 \cdot y(0)$$

$$\ldots$$

$$y(t) = y\left(n \cdot \frac{t}{n}\right) = \left(1+k \cdot \frac{t}{n}\right)^n \cdot y(0) \; .$$

Es ist also

$$\frac{y(t)}{y(0)} = \left(1+k \cdot \frac{t}{n}\right)^n = \left(\left(1+\frac{kt}{n}\right)^{\frac{n}{kt}}\right)^{kt} \; .$$

Die rechte Seite hat für $n \to \infty$, das heißt $\Delta t \to 0$, den Grenzwert e^{kt}. Daher gilt

$$y(t) = y(0) \cdot e^{kt}$$

und $y(t)$ wird durch eine Exponentialfunktion beschrieben.

Beispiel 3.2.4:

a) $y(t)$ sei die zur Zeit t vorhandene Menge einer radioaktiven Substanz, von der ursprünglich $y(0)$ vorhanden war.
Dann ist $k < 0$ und $\gamma = -k$ heißt "Zerfallskonstante":

$$y(t) = y(0) \cdot e^{-\gamma t} \quad .$$

Die "Halbwertszeit" T ist diejenige Zeit, nach der der Bestand unzerfallener Atome jeweils auf die Hälfte abgesunken ist — unabhängig von t (!):

$$\frac{1}{2} = \frac{y(t+T)}{y(t)} = \frac{y(0)e^{-\gamma(t+T)}}{y(0)e^{-\gamma t}} = e^{-\gamma \cdot T}$$

$$\iff -\gamma \cdot T = \underbrace{\ln(1/2)}_{-\ln 2} \iff T = \frac{\ln 2}{\gamma} \quad .$$

b) $y(t)$ sei das bei "stetiger Verzinsung" aus dem "Ausgangskapital" $y(0)$ entstehende "Kapital". Hier ist $k = \ln q > 0$ und heißt "Zinsintensität"; $q = 1 + \frac{p}{100}$ heißt "Zinsfaktor", p "Zinsfuß"; es gilt

$$y(t) = y(0) \cdot q^t = y(0) \cdot e^{k \cdot t} \quad .$$

Aufgaben:

3.2.1: Skizzieren Sie die Graphen zu
   a) $y = 0.5 e^x$
   b) $y = 0.4^x$
   c) $y = 2.5^{-x}$
   d) $y = 0.5 e^{2x}$
   e) $y = 2 \cdot e^{-0.5x}$
   f) $y = e^{1/x}$

3.2.2: Schreiben Sie mittels $e-$ und $\ln -$Funktion:
   a) $4^{3.75}$
   b) 10^6
   c) $a \cdot q^x \quad (q > 0)$
   d) x^x
   e) $\sqrt{x}^{\sqrt{x}}$

3.2.3: Suchen Sie die Lösungen (Rundung auf 3 Nachpunktstellen):
   a) $5^x = 125$

b) $5^x = 1$
c) $5^x = 10$
d) $4^{3x-5} = 32$
e) $a^7 \cdot a^{3(x+2)} = a \cdot a^{x(x-1)}$
f) $10^x = 2.5^{10}$
g)
$$\left(\frac{2}{5}\right)^{2x} = \left(\frac{2}{3}\right)^{x+5}$$

h)
$$25 \cdot 3^{2x-2} - 25^x = 0$$

i)
$$2^{2x-1} - 3^{3x-1} = 3^{3x+1} - 2^{2x+1}$$

j)
$$4^{x-1} + 2.5 \cdot 2^x - 2.75 = 0$$

k)
$$2^{2x-1} + 5 \cdot 2^x + 4.5 = 0$$

l) Bestimmen Sie die Lösung von $2^x = x+2$ graphisch! (1 Nachpunktstelle)

3.2.4: Bei den folgenden Aufgaben soll jeweils mit den Maßzahlen gerechnet werden:

a) Bei einer radioaktiven Substanz mit dem Zerfallsgesetz
$$N(t) = N(0) \cdot e^{-\gamma t}$$
ist $N(10) = 2513$, $N(20) = 2497$.
Berechnen Sie γ mit 5 Nachpunktstellen! Verwenden Sie weiter diesen gerundeten Wert!
Wie groß war $N(0)$? (ganzzahlig gerundet)
Wie groß ist die Halbwertszeit T ? (ganzzahlig gerundet)
Nach welcher Zeit z liegt nur noch der 10-te Teil der Substanz vor? (ganzzahlig gerundet)

b) Eine Population von Bakterien vermehrt sich nach dem Gesetz
$$N(t) = N(0) \cdot e^{kt}.$$
Die Verdopplung tritt nach der Zeitspanne $T = 2.7$ ein. Zur Zeit $t = 10$ ist der Bestand $N(10) = 4.5 \cdot 10^8$.
Wie groß ist k ? (3 Nachpunktstellen)
Wie groß ist der Anfangsbestand?

c) p bzw. V bedeuten Druck bzw. Volumen eines Gases.
Wie sind in der Gleichung
$$p \cdot V^k = c$$
die Konstanten c und k zu wählen, damit $p = 2$, $V = 7$ sowie $p = 4$, $V = 4$ Wertepaare sind, die die Gleichung erfüllen? (2 Nachpunktstellen)

3.3. Umkehrbarkeit

Sind bei einer Funktion (Abbildung) $x \longmapsto y = f(x)$ **die Bilder verschiedener Originale stets verschieden, so nennt man die Funktion** *umkehrbar (injektiv):*

$$x_1 \neq x_2 \Rightarrow f(x_1) \neq f(x_2) \quad .$$

Für eine umkehrbare Funktion ist durch

$$y \longmapsto x = f^{-1}(y)$$

eine *Umkehrfunktion* f^{-1} **definiert; man erhält** x **"als Funktion von"** y **durch "Auflösen" der Funktionsgleichung** $y = f(x)$.

Ist die genannte Auflösung eindeutig (!) möglich, so ist damit auch die Umkehrbarkeit bewiesen.

Funktion und Umkehrfunktion heben sich in ihrer Wirkung auf:

$$x = f^{-1}(f(x)) \,, \qquad y = f(f^{-1}(y)) \quad .$$

Die Wertemenge von f **ist die Definitionsmenge von** f^{-1}, **die Definitionsmenge von** f **ist die Wertemenge von** f^{-1}.

Testaufgabe 3.3:

a)
$$x \longmapsto y = \sqrt{4(x-1)} + 1$$

b)
$$x \longmapsto y = \sqrt{4(x-1)^2 + 1}$$

Geben Sie jeweils Definitions- und Wertemenge an!

Sind die Funktionen auf ihrer Definitionsmenge umkehrbar?

Wie lautet gegebenenfalls die Umkehrfunktion? Läßt sich eventuell auf einer Teilmenge der Definitionsmenge eine Umkehrfunktion angeben?

Lösung zu Testaufgabe 3.3:

a) Definitionsmenge: $\{x \in \mathbf{R}|\ x \geq 3/4\}$, Wertemenge: $\mathbf{R}_0^+ = \{x \in \mathbf{R}|\ x \geq 0\}$.

$$x_1 \neq x_2 \Rightarrow \sqrt{4(x_1-1)+1} \neq \sqrt{4(x_2-1)+1}\ ;$$

durch Auflösen nach x erhält man die Umkehrfunktion

$$y \longmapsto x = 1 + 0.25(y^2 - 1)\ .$$

b) Definitionsmenge: $\mathbf{R}$, Wertemenge: $\{y \in \mathbf{R}|\ y \geq 1\}$. Die Funktionsgleichung ist nicht eindeutig nach x auflösbar:

$$x_{1/2} = 1 \pm \frac{1}{2}\sqrt{y^2 - 1}\ .$$

Auf der Teilmenge $\{x \in \mathbf{R}|\ x \geq 1\}$ der Definitionsmenge ist

$$y \longmapsto x = 1 + \frac{1}{2}\sqrt{y^2 - 1}$$

Umkehrfunktion.
Auf der Teilmenge $\{x \in \mathbf{R}|\ x \leq 1\}$ der Definitionsmenge ist

$$y \longmapsto x = 1 - \frac{1}{2}\sqrt{y^2 - 1}$$

Umkehrfunktion.

Beispiele 3.3.1:

a)
$$x \longmapsto y = 0.5x - 1$$

ist umkehrbar:
$$x_1 \neq x_2 \Rightarrow 0.5x_1 - 1 \neq 0.5x_2 - 1\ .$$

Aus der Funktionsgleichung $y = 0.5x - 1$ erhält man durch Auflösen nach x die Umkehrfunktion

$$y \longmapsto x = 2(y + 1)\ .$$

Es gilt
$$x = 2((0.5x - 1) + 1) \quad \text{und} \quad y = 0.5(2(y+1)) - 1\ ,$$

d. h., Funktion und Umkehrfunktion heben sich in ihrer Wirkung auf.

b)
$$x \longmapsto y = a^x \quad (a \neq 1)$$

ist umkehrbar:
$$x_1 \neq x_2 \Rightarrow a^{x_1} \neq a^{x_2} \quad.$$

Aus der Funktionsgleichung $y = a^x$ erhält man durch Auflösen nach x die Umkehrfunktion
$$y \longmapsto x = \log_a y \quad.$$

Es gilt
$$x = \log_a(a^x) \quad \text{und} \quad y = a^{(\log_a y)} \quad,$$

d. h., Funktion und Umkehrfunktion heben sich in ihrer Wirkung auf.

Definitionsmenge der Logarithmusfunktion ist die Wertemenge $\mathbf{R}^+$ der Exponentialfunktion, Wertemenge der Logarithmusfunktion ist die Definitionsmenge $\mathbf{R}$ der Exponentialfunktion.

c)
$$x \longmapsto y = \frac{x+1}{x-2}$$

ist umkehrbar, weil die Auflösung der Funktionsgleichung zu einem eindeutig bestimmten x führt:

$$y = \frac{x+1}{x-2} \iff y \cdot x - 2y = x + 1 \iff x((y-1) = 2y + 1 \iff x = \frac{2y+1}{y-1} \quad.$$

Definitionsmenge der ursprünglichen Funktion ist $\{x \in \mathbf{R} | \ x \neq 2\}$, Wertemenge $\{y \in \mathbf{R} | \ y \neq 1\}$, denn zu jedem $y \neq 1$ gibt es genau ein x mit $y = \frac{x+1}{x-2}$.

Bei der Umkehrfunktion sind die Rollen von Definitions- und Wertemenge vertauscht.

Am Funktionsgraphen ändert sich übrigens beim Übergang zur Umkehrfunktion zunächst nichts, nur ist y unabhängige, x abhängige Variable.

Häufig möchte man jedoch die unabhängige Variable mit x, die abhängige mit y bezeichnen. Dann gilt:

Vertauscht man die Rollen von x und y, so ist der Graph von $y = f^{-1}(x)$ gegenüber dem von $y = f(x)$ an der Winkelhalbierenden des ersten Quadranten gespiegelt.

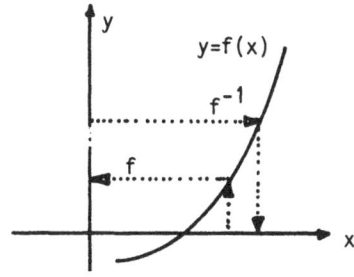 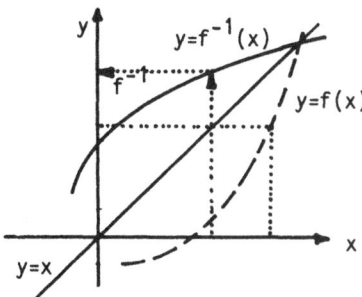

Beispiel 3.3.2:

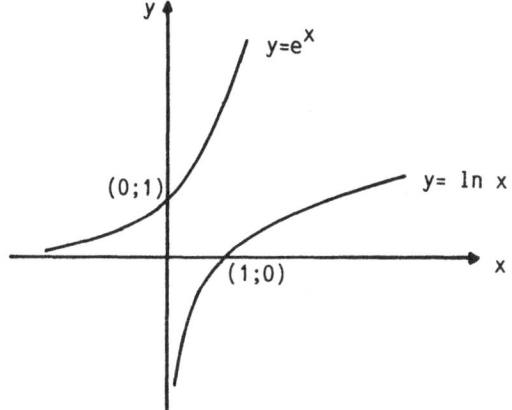

Jede streng monotone Funktion ist umkehrbar.

(Ist $x_1 \neq x_2$, so kann man so numerieren, daß $x_1 < x_2$. Ist f monoton wachsend, so folgt $f(x_1) < f(x_2)$, ist f monoton fallend, so folgt $f(x_1) > f(x_2)$ — in jedem Fall $f(x_1) \neq f(x_2)$.)

Viele Funktionen sind auf ihrer Definitionsmenge nicht umkehrbar, weil es verschiedene Originale $x_1 \neq x_2$ gibt, die dasselbe Bild $f(x_1) = f(x_2)$ haben.

Um trotzdem zu einer Umkehrfunktion zu gelangen, schränkt man die Definitionsmenge auf einen *Monotonie-Bereich* ein, d. h., auf einen Bereich, wo die Funktion streng monoton ist.

Beispiel 3.3.3: $x \longmapsto y = x^2$ ist auf der Definitionsmenge **R** nicht umkehrbar, weil z. B. $-2 \neq +2$, aber $f(-2) = (-2)^2 = 4 = (+2)^2 = f(+2)$.

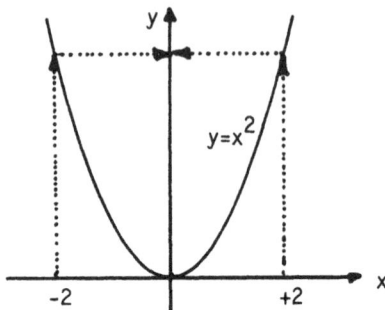

Beschränkt man jedoch die Definition von $y = x^2$ auf den Monotoniebereich $\mathbf{R}_0^+$, so ist die Funktion monoton wachsend und damit umkehrbar; die Umkehrfunktion ist

$$y \longmapsto x = \sqrt{y} \quad .$$

Häufig kann man die Definition auch auf einen anderen Monotoniebereich einschränken, — hier auf $\{x \in \mathbf{R} | \ x \leq 0\}$; dann ist $y = x^2$ streng monoton fallend und damit umkehrbar; Umkehrfunktion ist dann

$$y \longmapsto x = -\sqrt{y} \quad .$$

Nach Umbenennung:

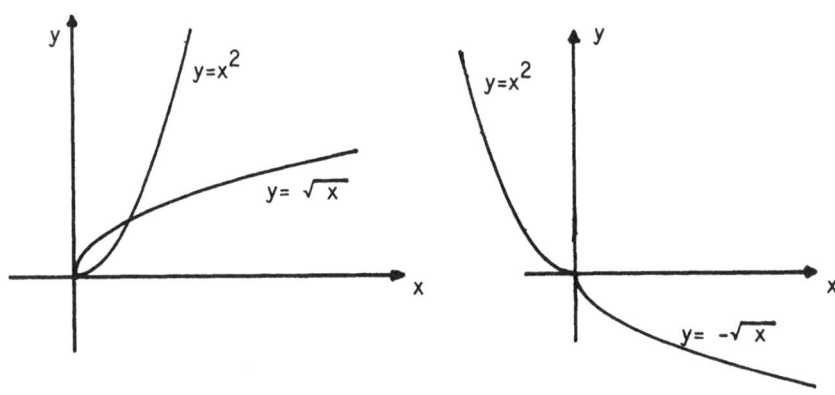

Aufgaben:

3.3.1: Geben Sie für folgende Funktionen Definitionsmenge D und Wertemenge W an! Sind die Funktionen auf ihrer (maximalen) Definitionsmenge umkehrbar? Wie lautet gegebenenfalls die Umkehrfunktion — ohne Rollentausch von x und y?

a) $y = 2x - 2$
b) $y = \sqrt{x+1}$
c) $y = 2 + \sqrt{1-x}$
d) $y = 1/x$
e) $y = \dfrac{x-2}{x+3}$
f) $y = (x+1)^2$
g) $y = \sqrt{x^2+1}$
h) $y = 0.5(e^x - e^{-x})$

3.3.2: Zeichnen Sie die Graphen von 3.3.1 f) und 3.3.1 g)!

Auf welcher Teilmenge der Definitionsmenge sind diese Funktionen umkehrbar? (jeweils 2 Möglichkeiten)

Geben Sie jeweils die Umkehrfunktionen an! Zeichnen Sie ihre Graphen nach Rollentausch von x und y!

3.4. Der Logarithmus

Die Logarithmusfunktion

$$x \longmapsto y = \log_a x$$

ist die stetige und für $a > 1$ **streng monoton wachsende Umkehrfunktion der Exponentialfunktion** $y \longmapsto x = a^y$.

(Die Rollen von x und y wurden gegenüber 3.2 von vorneherein vertauscht, damit x die unabhängige, y die abhängige Variable der Logarithmusfunktion bezeichnen.)

Es gilt $\quad a^{\log_a x} = x \quad$ **und** $\quad y = \log_a(a^y)$,
die Definitionsmenge der Logarithmusfunktion ist $\mathbf{R^+}$, **die Wertemenge** $\mathbf{R}$.

Die Beziehungen

$$a^0 = 1,\ a^1 = a,\ a^{y_1+y_2} = a^{y_1} \cdot a^{y_2},\ a^{y_1-y_2} = \frac{a^{y_1}}{a^{y_2}},\ x^z = (a^{\log_a x})^z = a^{z \cdot \log_a x}$$

lauten "übersetzt" ("logarithmiert"):

$$\log_a 1 = 0, \quad \log_a a = 1$$
$$\log_a x_1 + \log_a x_2 = \log_a(x_1 \cdot x_2)$$
$$\log_a x_1 - \log_a x_2 = \log_a(x_1/x_2)$$
$$\log_a(x^z) = z \cdot \log_a x \quad .$$

Spezielle Logarithmen:

$a = e:$ $\log_e x = \ln x$ (*logarithmus naturalis*)

$a = 10:$ $\log_{10} x = \lg x$ (*dekadischer Logarithmus*)

$a = 2:$ $\log_2 x = \operatorname{ld} x = \operatorname{lb} x$ (*dualer* oder *binärer Logarithmus*)

$\log_a x$ **ist nur eine unwesentliche Verallgemeinerung von** $\ln x$:

$$\log_a x = \frac{\ln x}{\ln a} \quad .$$

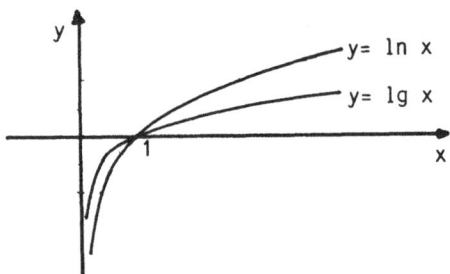

Testaufgabe 3.4:

a) Vereinfachen Sie
$$\ln\left(x^3 \cdot \frac{\sqrt[3]{a}}{\sqrt{b}}\right)$$

b) Lösen Sie die Gleichung
$$2^{\ln x} \cdot x^{2+\ln x} = 0.25 \quad !$$

Der Logarithmus

Lösung zu Testaufgabe 3.4:

a)
$$= \ln x^3 + \ln a^{1/3} - \ln b^{1/2} = 3\ln x + \frac{1}{3}\ln a - \frac{1}{2}\ln b$$

b)
$$\iff 2^{\ln x} \cdot x^{\ln x} \cdot x^2 = 2^{-2} \iff (2x)^{\ln x} \cdot (2x)^2 = 1 \iff (2x)^{2+\ln x} = 1 \quad.$$

Entweder ist $2x = 1 \iff x = 0.5$ oder $2 + \ln x = 0 \iff x = e^{-2}$.

Beispiele:

3.4.1: a)
$$\text{ld}(2.54^{1.5}) = 1.5 \cdot \text{ld}\, 2.54 = 1.5 \cdot \frac{\ln 2.54}{\ln 2} \simeq 2.017$$

b)
$$\lg\left(\frac{\sqrt{a}\sqrt[3]{b^2}}{\sqrt[5]{c^4}}\right) - 4\cdot \lg\left(\frac{\sqrt{a}}{\sqrt[3]{b}\sqrt[5]{c}}\right) = \lg(a^{1/2}\cdot b^{2/3}\cdot c^{-4/5}) - 4\cdot \lg(a^{1/2}\cdot b^{-1/3}\cdot c^{-1/5}) =$$
$$= \frac{1}{2}\lg a + \frac{2}{3}\lg b - \frac{4}{5}\lg c - 4(\frac{1}{2}\lg a - \frac{1}{3}\lg b - \frac{1}{5}\lg c) = -\frac{3}{2}\lg a + 2\cdot \lg b =$$
$$= \lg(b^2 \cdot a^{-3/2}) = \frac{\ln(b^2 \cdot a^{-3/2})}{\ln 10} \quad.$$

Machen Sie bei "logarithmischen Gleichungen" stets die Probe, um festzustellen, ob die ermittelten Lösungen in der Definitionsmenge liegen!

Beispiele:

3.4.2: a)
$$\lg(x-1) + \lg(x-2) = \lg 3 - \lg 4 \iff \lg((x-1)(x-2)) = \lg 3/4$$
$$\iff x^2 - 3x + 2 = 0.75 \iff x^2 - 3x + 1.25 = 0$$
$$\iff x_{1/2} = \frac{1}{2}(3 \pm \sqrt{9-5}) = \begin{cases} 2.5 \\ 0.5 \end{cases} \quad.$$

Nur $x = 2.5$ ist Lösung, weil $x = 0.5$ nicht in der Definitionsmenge liegt.

b)
$$x^{\ln x} = 2 \iff (e^{\ln x})^{\ln x} = e^{\ln 2} \iff (\ln x)^2 = \ln 2$$
$$\iff \ln x = \pm\sqrt{\ln 2} \iff x_{1/2} = e^{\pm\sqrt{\ln 2}} \simeq \begin{cases} 2.30 \\ 0.43 \end{cases}$$
$$L = \{e^{\sqrt{\ln 2}};\ e^{-\sqrt{\ln 2}}\} \quad.$$

Potenzen. Exponentialfunktion. Logarithmus

Als Anwendung der Logarithmusfunktion wollen wir nun *logarithmische Koordinatenpapiere* kennenlernen, bei denen eine oder beide Koordinatenachsen logarithmisch unterteilt sind. Man benützt solche Koordinatensysteme, weil die Graphen gewisser — praktisch wichtiger — Funktionstypen Gerade sind.

Beim *einfach-logarithmischen Papier* ist nur die Hochwertachse (Ordinatenachse) logarithmisch unterteilt:

Ist s_y die Längeneinheit auf der (gleichmäßig) unterteilten y-Achse, so gibt

$v = s_y \cdot \lg y$ ($y > 0$) den Abstand der zu y gehörigen Marke auf der y-Achse vom Ursprung wieder.

Ist s_x die Längeneinheit auf der (gleichmäßig) unterteilten x-Achse, so gibt

$u = s_x \cdot x$ den Abstand der zu x gehörigen Marke auf der x-Achse vom Ursprung wieder.

Nun gilt:

Eine Exponentialfunktion $x \longmapsto y = c \cdot a^x$ **wird auf einfach–logarithmischem Koordinatenpapier als Gerade (der Steigung $\frac{s_y}{s_x} \cdot \lg a$) dargestellt.**

Begründung:
$$y = 10^{\lg c + x \cdot \lg a} \iff \lg y = x \cdot \lg a + \lg c \ ;$$
multipliziert mit s_y und rechts erweitert mit s_x:

$$\iff v = s_y \cdot \lg y = \underbrace{(\frac{s_y}{s_x} \cdot \lg a)}_{\text{Steigung } m} \cdot \underbrace{(x \cdot s_x)}_{u} + \underbrace{(s_y \cdot \lg c)}_{\text{Ordinatenabschnitt } b} \ .$$

Beispiel 3.4.3:

Beim Feldzerfall an einem Kondensator (Kapazität C) fließt über einen Leiter (Widerstand R) der Strom
$$I(t) = I(0) \cdot e^{-t/(RC)} \ .$$
Hier ist $a = e^{-sec/(RC)}$, $x = t$, $c = I(0)$.

Für die Meßreihe

t/sec	0	2	4	6	8	10
$I/10^{-6} A$	5.0	2.5	1.2	0.6	0.3	0.1

ergibt die graphische Darstellung in einfach–logarithmischen Papier eine Gerade ($s_t = 0.5 cm$, $s_I = 6.3 cm$):

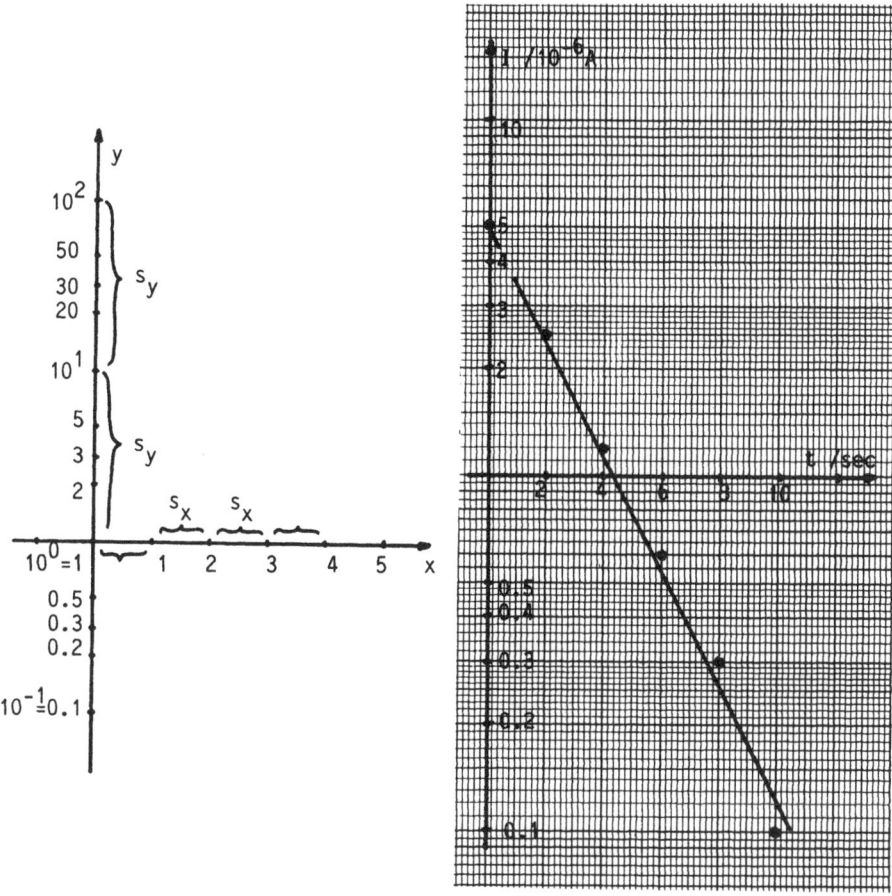

Sind beide Koordinatenachsen logarithmisch unterteilt, so spricht man von *doppelt-logarithmischem Papier*.

Die Längeneinheiten auf x- und y-Achse sind dann in der Regel gleich:

$s = s_x = s_y$.

Daher geben $u = s \cdot \lg x$ bzw. $y = s \cdot \lg y$ ($x, y > 0$) die Abstände der Marken vom Ursprung an.

Genau die Potenzfunktionen $x \longmapsto y = c \cdot x^m$ **werden auf doppelt-logarithmischem Papier als Gerade (der Steigung m) dargestellt.**

Begründung:
$$y = 10^{\lg c + m \cdot \lg x} \iff \lg y = \lg c + m \cdot \lg x$$
$$\iff v = s \cdot \lg y = \underbrace{m}_{\text{Steigung}} \cdot \underbrace{(s \cdot \lg x)}_{u} + \underbrace{(s \cdot \lg c)}_{\text{Ordinatenabschnitt } b}$$

Beispiel 3.4.4:

Bei der adiabatischen Zustandsänderung eines idealen Gases gilt für Druck p und Volumen V:

$$p = \text{const.} \cdot V^{-\kappa} \qquad (\kappa \text{ Adiabaten} - \text{Exponent}) \ .$$

Für die Meßreihe

$p/\ N cm^{-2}$	50	28	15	4	2.5
$V/\ \ \ m^3$	1.8	2.5	3.8	8.5	11.5

ergibt die graphische Darstellung auf doppelt-logarithmischem Papier eine Gerade der Steigung $m = -\kappa = -1.66$: Siehe S. 73!

Aufgaben:

3.4.1: a) Geben Sie Definitions- und Wertemenge für
$$x \longmapsto y = \ln(1 + x)$$
an! Wie lautet die Umkehrfunktion? Skizzieren Sie den Graphen!

b) Ebenso für
$$x \longmapsto y = \ln(1 - x)$$

c) Bestimmen Sie graphisch auf eine Nachpunktstelle genau die beiden Lösungen der Gleichung
$$x - 1 = \text{ld}(5x)$$
durch Schnitt der Graphen von $y_1 = x - 1$, $y_2 = \text{ld}(5x) = \text{ld}\,x + \text{ld}\,5$!

3.4.2: Berechnen Sie
a) $\lg 15 - \lg 3 + \lg 2$
b) $\lg(2.5 \cdot 10^{-8})$ (3 Nachkommastellen)
c) $\log_{\sqrt{2}} 2$
d) $\text{ld}(128 \cdot \sqrt[4]{4})$
e) $\log_a \sqrt[n]{1/a}$

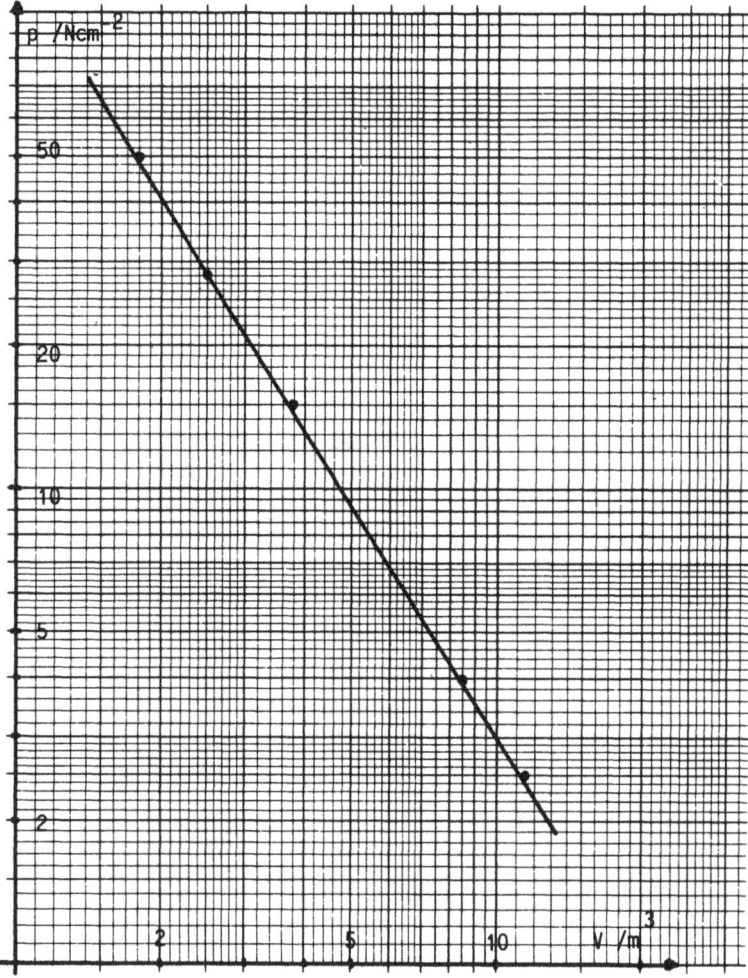

f) nur durch Addition und Multiplikation unter Verwendung von
   $\lg 2 = 0.301$, $\lg 3 = 0.477$, $\lg 7 = 0.845$
   die dekadischen Logarithmen der natürlichen Zahlen von 1 bis 10 mit 3 Nachpunktstellen,

g) daraus mittels $\ln 10 = 2.303$ die natürlichen Logarithmen der Zahlen 1, 2, 3, 4

h) $\text{lb}\left(\frac{1}{32}\sqrt{\dfrac{274.6^3 \cdot \sqrt[3]{0.0342^2}}{15730}}\right)$ (3 Nachpunktstellen)

i)
$$10^{3\lg 2 + 4\lg 3 - 2\lg 5}$$

j)
$$\ln\left(\frac{a^4 \cdot \sqrt{b}}{\sqrt[3]{c}}\right)$$

3.4.3: Bestimmen Sie sämtliche Lösungen von
- a) $\lg(x-1) = 2$
- b) $\ln(x+1) + \ln(x-2) = \ln 4$
- c) $(\ln x)^x = 1$
- d) $x^{\lg x} = 10^9$
- e) $\ln\sqrt{x} + \ln(x^2) = -5$
- f) $2^x \cdot 5^{2x} = 10^{2x+1}$

3.4.4:
- a) In Beispiel 3.4.3 entnimmt man der Zeichnung durch Messung die Steigung $m \simeq -2$ und den Ordinatenabschnitt $b \simeq 4.4\,cm$. Bestimmen Sie aus dem numerischen Zusammenhang zwischen t und I den Wert von RC!
- b) Tragen Sie die Meßreihe

$V/\ cm^3$	1.0	2.0	5.0	10.0
$p/\ Ncm^{-2}$	33	14	4.8	2.0

für $p = \text{const.} \cdot v^{-\kappa}$ in doppelt–logarithmisches Papier ein und ermitteln Sie graphisch den Wert von κ! (2 Nachpunktstellen)
- c) Sind die Darstellungen folgender Funktionen auf einfach– bzw. doppelt–logarithmischem Papier Gerade?
$y = 2x$, $y = \frac{3}{2^x}$, $y = x^2 + 1$, $y = 2^x \cdot 3^{2x}$, $E = \text{const.} \cdot v^2$
- d) Was haben die Graphen von $y = 0.5 \cdot 2^x$, $y = 2^x$, $y = 2^{x+1}$ auf einfach–logarithmischem Papier gemeinsam?
- e) Was haben die Graphen von $y = x^2$, $y = \sqrt{x}$, $y = x^{-1/2}$, $y = 1/(x^2)$ auf doppelt–logarithmischem Papier gemeinsam?

4. Trigonometrische Funktionen

4.1. Definition und Umkehrung der Winkelfunktionen

Testaufgabe 4.1:

a) Berechnen Sie ohne Taschenrechner
$$\cos(-\frac{31}{4}\pi)\,!$$

b) Geben Sie die Lösungsmenge an:
$$\sin(-2x) = 0.5\,!$$
Welche Lösungen liegen im Intervall $[-\frac{3}{2}\pi;\,-\frac{5}{4}\pi]$?

Lösungen zu Testaufgabe 4.1:

a)
$$\cos(-\frac{31}{4}\pi) \;=\; \cos(-\frac{31}{4}\pi + 4\cdot 2\pi) \;=\; \cos\frac{\pi}{4} \;=\; \frac{1}{2}\sqrt{2}$$

b)
$$\sin(-2x) = \frac{1}{2} \iff \sin 2x = -\frac{1}{2}\ .$$

Zunächst substituieren wir $z = 2x$: $\sin z = -0.5$.
Ausgehend vom spitzen Winkel $\hat{z} = \pi/6$ mit $\sin\hat{z} = +0.5$ erhält man wegen des negativen Vorzeichens von $\sin z$ im III. Quadranten:

$$z_1 = \pi + \hat{z} = \frac{7}{6}\pi \text{ bzw. } z_1 = \pi + \hat{z} - 2\pi = -\frac{5}{6}\pi\ ,$$

im IV. Quadranten:
$$z_2 = -\hat{z} = -\frac{\pi}{6} \ .$$

Die möglichen z-Werte sind

$$z = -\frac{5}{6}\pi + 2k\pi \text{ oder } z = -\frac{\pi}{6} + 2k\pi \text{ mit } k \in \mathbf{Z} \ (= \text{ Menge der } ganzen Zahlen \ ).$$

Die Lösungsmenge (bzgl. x) ist daher:

$$L = \{x = -\frac{5}{12}\pi + k\pi \text{ oder } x = -\frac{\pi}{12} + k\pi \ | k \in \mathbf{Z} \ \} \ .$$

Im Intervall $[-\frac{3}{2}\pi; \ -\frac{5}{4}\pi]$ liegt davon nur $x = -\frac{5}{12}\pi - \pi = -\frac{17}{12}\pi$.

Wir wiederholen zunächst Grundbegriffe der Trigonometrie:

Neben dem *Gradmaß* φ benützt man zur Winkelmessung vorwiegend das *Bogenmaß*

$$x = \text{Arc}\,\varphi = \frac{\text{Kreisbogenlänge } b}{\text{Radius } r} \quad [rad] \quad (\text{Arcus } = \text{ } Bogen \ ).$$

Die Einheit rad ($= Radiant$) wird meist weggelassen, so daß x nur der Zahlenwert des in rad gemessenen Winkels ist.

Dieses Bogenmaß ist proportional zum Gradmaß:

$$x = \text{Arc}\,\varphi = \frac{\pi}{180°} \cdot \varphi \ .$$

Man merke sich besonders:

φ [in $Grad$]	360	180	90	60	45	30	1		ca. 57
x [in rad]	2π	π	$\frac{\pi}{2}$	$\frac{\pi}{3}$	$\frac{\pi}{4}$	$\frac{\pi}{6}$	$\frac{\pi}{180} \simeq 0.017$		1

Neben den *kartesischen Koordinaten* $u; \ v$ benützt man zur Festlegung eines Punktes $P(u; v)$ der Ebene auch *Polarkoordinaten* $r; \ \varphi$:

$r = \quad$ *Abstand* des Punktes P vom Koordinatenursprung

$x = Arc\,\varphi = \quad$ *Polarwinkel* des Ortsvektors mit der positiven u-Achse

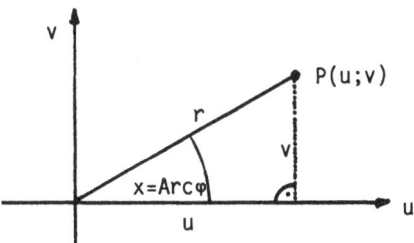

Da die Verhältnisse u/r, v/r, u/v, v/u nicht von r, sondern nur von $x = \text{Arc}\,\varphi$ abhängen, definiert man die *Winkelfunktionen Cosinus, Sinus, Tangens, Cotangens* durch:

$$\cos x = \frac{u}{r}$$
$$\sin x = \frac{v}{r} \quad (r \neq 0)$$

$$\tan x = \frac{v}{u} \quad (\, u \neq 0 \iff x \neq \frac{\pi}{2}(2k+1) \quad (k \in \mathbf{Z}) \,)$$
$$\cot x = \frac{u}{v} \quad (\, v \neq 0 \iff x \neq k\pi \quad (k \in \mathbf{Z}) \,)$$

Während cos und sin für alle reellen x definiert sind, bestehen für tan und cot die genannten Beschränkungen der Definitionsmenge.

Wegen
$$\cot x = \frac{1}{\tan x}$$
kann man den Cotangens stets durch den Tangens ausdrücken, wegen
$$\tan x = \frac{\sin x}{\cos x}$$
auch den Tangens durch Cosinus und Sinus.

Laut Definition ist x in $\sin x, \cos x$ usw. eine Bogenmaßzahl. Angaben, wie
$\sin \pi = \sin 180°$, $\cos(\pi/3) = \cos 60°$ usw.
sind also strenggenommen unkorrekt und müßten durch
$\sin \pi = \sin(\text{Arc}\,180°)$, $\cos(\pi/3) = \cos(\text{Arc}\,60°)$ usw.
ersetzt werden. Da aber wegen des Gradsymbols kein Mißverständnis zu befürchten ist, hat sich die laxe Schreibweise eingebürgert und wird auch hier benützt.

Wertemenge von cos- und sin-Funktion ist das Intervall $[-1; +1]$.

Wertemenge von tan- und cot-Funktion ist **R**; für die obengenannten Definitionslücken haben die Graphen *vertikale Asymptoten*.

Für gewisse Vielfache von π haben die Winkelfunktionen einfache Zahlenwerte, die man sich an Hand von elementargeometrischen Konfigurationen merken kann:

x	0	$\frac{\pi}{6}$	$\frac{\pi}{4}$	$\frac{\pi}{3}$	$\frac{\pi}{2}$
$\sin x$	0	$\frac{1}{2} = \frac{1}{2}\sqrt{1}$	$\frac{1}{2}\sqrt{2}$	$\frac{1}{2}\sqrt{3}$	$1 = \frac{1}{2}\sqrt{4}$
$\cos x$	1	$\frac{1}{2}\sqrt{3}$	$\frac{1}{2}\sqrt{2}$	$\frac{1}{2}$	0
$\tan x$	0	$\frac{1}{3}\sqrt{3}$	1	$\sqrt{3}$	$\to \infty$
$\cot x$	$\to \infty$	$\sqrt{3}$	1	$\frac{1}{3}\sqrt{3}$	0

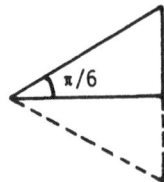
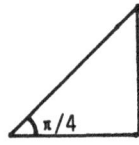
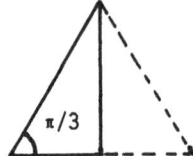

Da sich für den Punkt $P(u;v)$ nichts ändert, wenn man zum Polarwinkel $x = \text{Arc}\,\varphi$ ein ganzzahliges Vielfaches von $2\pi = \text{Arc}\,360°$ addiert, sind cos und sin *periodisch mit der Grundperiode* 2π:

$$\cos(x + k \cdot 2\pi) = \cos x$$
$$\sin(x + k \cdot 2\pi) = \sin x \quad (k \in \mathbf{Z}) \ .$$

tan und cot haben sogar die Grundperiode π:

$$\tan(x + k \cdot \pi) = \tan x$$
$$\cot(x + k \cdot \pi) = \cot x \quad (k \in \mathbf{Z}) \ .$$

Spiegelung von $P(u;v)$ an der u–Achse liefert die *Symmetrie-Relationen*

$$\cos(-x) = \cos x$$
$$\sin(-x) = -\sin x$$
$$\tan(-x) = -\tan x \ .$$

Spiegelung von $P(u; v)$ an der v-Achse liefert

$$\cos(\pi - x) = -\cos x$$
$$\sin(\pi - x) = +\sin x$$
$$\tan(\pi - x) = -\tan x \ .$$

Spiegelung von $P(u; v)$ am Koordinatenursprung liefert

$$\cos(\pi + x) = -\cos x$$
$$\sin(\pi + x) = -\sin x$$
$$\tan(\pi + x) = +\tan x \ .$$

Diese Beziehungen heißen auch *Quadranten-Relationen*, weil sie ein Umrechnen der Winkelfunktionswerte für Winkel im
IV. bzw. II. bzw. III. Quadranten auf "spitze" Winkel $\hat{x}$ $(0 < \hat{x} < \pi/2)$ gestatten.

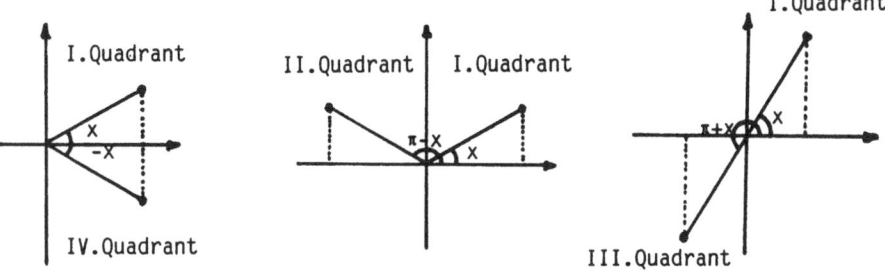

Beispiel 4.1.1:

a)
$$\tan(\frac{19}{3}\pi) = \tan(\frac{\pi}{3} + 6\pi) = \tan\frac{\pi}{3} = \sqrt{3}$$

b)
$$\cos(\frac{5}{6}\pi) = \cos(\pi - \frac{\pi}{6}) = -\cos\frac{\pi}{6} = -\frac{1}{2}\sqrt{3}$$

c)
$$\sin(\frac{15}{4}\pi) = \sin(\frac{15}{4}\pi + (-2) \cdot 2\pi) = \sin(-\frac{\pi}{4}) = -\sin\frac{\pi}{4} = -\frac{1}{2}\sqrt{2}$$

d) $y = 5 \sin 2x$ hat die Grundperiode $-\pi < 2x \leq +\pi \iff -\frac{\pi}{2} < x \leq \frac{\pi}{2}$ der Länge π und innerhalb dieses Intervalls ein Maximum bei $x = \frac{\pi}{4}$, ein Minimum bei $x = -\frac{\pi}{4}$, Nullstellen bei $x = 0$ und $x = \frac{\pi}{2}$. Die Wertemenge ist $[-5; +5]$. Außerhalb des Grundintervalls ist der Graph periodisch fortzusetzen.

Im x,y−Koordinatensystem bedeutet die Periodizität, daß die Graphen von $y = \cos x$ und $y = \sin x$ bei Parallelverschiebung um Vielfache von 2π in sich übergehen, die Graphen von $y = \tan x$ und $\cot x$ bei Parallelverschiebung um Vielfache von π.

Die Symmetrie-Relationen bedeuten im x,y−Koordinatensystem:

Der Graph von cos ist achsensymmetrisch bzgl. der y−Achse, die Graphen von sin, tan, cot sind punktsymmetrisch bzgl. des Ursprungs.

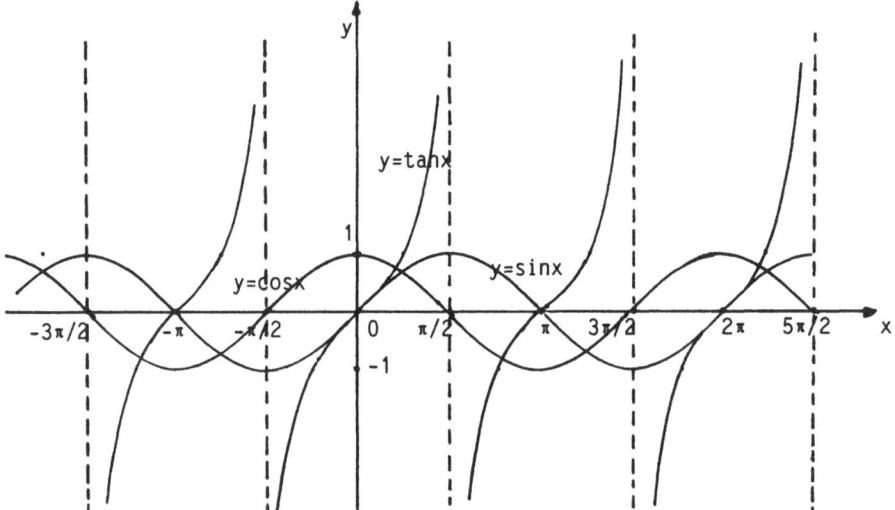

Benötigt man die Winkel zu vorgegebenen cos- bzw. sin-Werten, so genügt es, diese zunächst im Intervall $]-\pi; +\pi]$ zu suchen und anschließend geeignete Vielfache von 2π zu addieren.

Benötigt man Winkel zu vorgegebenen tan- bzw. cot-Werten, so genügt es, diese zunächst im Intervall $]-\pi/2; +\pi/2]$ zu suchen und anschließend geeignete Vielfache von π zu addieren.

Beispiel 4.1.2:

Um die Gleichung
$$\cot x = -\frac{1}{3}\sqrt{3} \iff \tan x = -\sqrt{3}$$

zu lösen, sucht man zunächst eine Lösung im Grundintervall $[-\pi/2; \pi/2]$.

Der Taschenrechner liefert $x_0 \simeq -1.047$. (Dies erhält man auch aus dem Graphen durch Schnitt mit der waagrechten Geraden $y = -\sqrt{3}$.).

Wegen der Periodizität ist die Lösungsmenge
$$L = \{x_0 + k\pi | \; k \in \mathbf{Z}\} \quad .$$

Die Winkelfunktionen sind nicht auf ihren Definitionsmengen umkehrbar, da zu verschiedenen Originalen x dasselbe Bild y gehören kann
(z. B. $\tan(-\pi/3) = \tan(2\pi/3) = \tan(5\pi/3 = \ldots = -\sqrt{3}$) .
Beschränkt man die Definition jedoch auf Monotonie-Bereiche, so gelingt die Umkehrung. Die dort gewonnenen Umkehrfunktionen nennt man *Arcus-Funktionen*.
Üblicherweise vereinbart man:
"Arccos" bedeutet "Arcus" in $[0; \pi]$,
"Arcsin" bedeutet "Arcus" in $[-\pi/2; +\pi/2]$,
"Arctan" bedeutet "Arcus" in $]-\pi/2; +\pi/2[$,
"Arccot" bedeutet "Arcus" in $]0; \pi[$,
— so daß cos bzw. sin bzw. tan bzw. cot für diesen Winkel einen gegebenen Wert haben.
Kurz:

$$y = \cos x \iff x = \text{Arccos } y \quad (0 \leq x \leq \pi)$$
$$y = \sin x \iff x = \text{Arcsin } y \quad (-\pi/2 \leq x \leq +\pi/2)$$
$$y = \tan x \iff x = \text{Arctan } y \quad (-\pi/2 < x < +\pi/2)$$
$$y = \cot x \iff x = \text{Arccot } y \quad (0 < x < \pi).$$

Diese Werte liefert auch der Taschenrechner.

Sucht man nun die Winkel x im Intervall $[-\pi; +\pi]$ oder auch $[0; 2\pi]$, so kann es zu vorgegebenen $y = \cos x$, $y = \sin x$ jeweils 2 Möglichkeiten geben:

Man bestimmt zunächst den "spitzen" Winkel $\hat{x}$ **mit** $\cos \hat{x} = y$
bzw. $\sin \hat{x} = y \quad (0 \leq \hat{x} \leq \pi/2);$.
Den korrekten Wert x **erhält man mit Hilfe der Quadranten-Relationen je nach dem Vorzeichen von** y .
Es kommen diejenigen Quadranten in Frage, für die die Vorzeichen von $\cos x$ **bzw.** $\sin x$ **folgender Tabelle entsprechen:**

$\cos x$	$\sin x$	**Quadrant**
+	+	I
−	+	II
−	−	III
+	−	IV

Beispiel 4.1.3:

a)
$$\sin x = -\frac{1}{2}\sqrt{3}$$

hat im Intervall $]-\pi;+\pi[$ laut Taschenrechner die Lösung
$x_0 = \mathrm{Arcsin}\,(-\frac{1}{2}\sqrt{3}) \simeq -1.047$.
Exakt erhält man aus einer elementargeometrischen Überlegung $x_0 = -\pi/3$.
Betrachtet man den Graphen, so bemerkt man, daß es eine weitere Lösung gibt,
nämlich $x_1 = -2\pi/3 \simeq -2.094$.
Man gelangt zu beiden Lösungen, wenn man, ausgehend vom spitzen Winkel $\hat{x} = \pi/3$
mit $\sin\hat{x} = |y| = \frac{1}{2}\sqrt{3}$, die Quadranten-Relationen verwendet:
Wegen des negativen Vorzeichens von $\sin x$ kommen der III. bzw. der IV. Quadrant
in Frage.
Für den III. Quadranten erhält man aus

$$\sin(\pi + \hat{x}) = -\sin\hat{x} = -\frac{1}{2}\sqrt{3}$$

die Winkel $\pi + \hat{x} = 4\pi/3$ bzw.

$$x_1 = \pi + \hat{x} - 2\pi = -\frac{2}{3}\pi \quad ,$$

für den IV. Quadranten aus

$$\sin(-\hat{x}) = -\sin\hat{x} = -\frac{1}{2}\sqrt{3}$$

den Winkel
$$x_0 = -\hat{x} = -\frac{\pi}{3} \quad .$$

Somit ist die gesamte Lösungsmenge

$$L = \{-\frac{\pi}{3} + k\cdot 2\pi,\ -\frac{2}{3}\pi + k\cdot 2\pi |\ k \in \mathbf{Z}\ \} \quad .$$

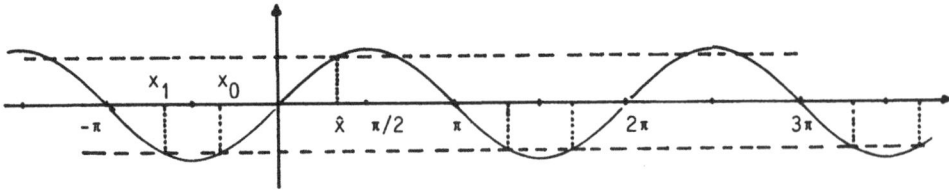

b) Welche Lösungen hat
$$\cos(2x - \frac{\pi}{2}) = -0.5$$
im Intervall $[5\pi/4;\ 9\pi/4]$?
Die Substitution $z = 2x - \pi/2$ führt auf
$$\cos z = -0.5 \quad .$$

Gesucht sind Lösungen z mit

$$\frac{5}{4}\pi \leq x \leq \frac{9}{4}\pi \iff \underbrace{\frac{5}{2}\pi - \frac{\pi}{2}}_{2\pi} \leq z = 2x - \frac{\pi}{2} \leq \underbrace{\frac{9}{2}\pi - \frac{\pi}{2}}_{4\pi} \quad .$$

Einen Überblick liefert der Graph:

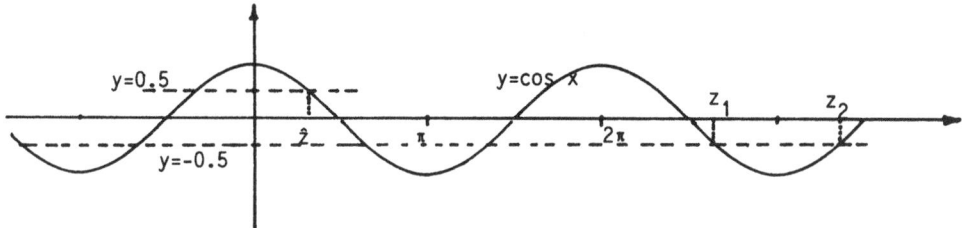

Lösung $\hat{z}$ von
$$\cos \hat{z} = +0.5$$
im Intervall $[0; \pi/2]$ ist $\hat{z} = \pi/3$.
Lösungen von $\cos z = -0.5$ im Intervall $[0; 2\pi]$ sind daher $\pi - \pi/3 = 2\pi/3$ und $\pi + \pi/3 = 4\pi/3$.
Im Intervall $[2\pi; 4\pi]$ sind daher Lösungen: $z_1 = 2\pi + \frac{2}{3}\pi = \frac{8}{3}\pi$ sowie $z_2 = 2\pi + \frac{4}{3}\pi = \frac{10}{3}\pi$.
Macht man die Substitution rückgängig, so erhält man

$$x_1 = \frac{1}{2}(\frac{\pi}{2} + z_1) = \frac{19}{12}\pi \simeq 4.974$$

$$x_2 = \frac{1}{2}(\frac{\pi}{2} + z_2) = \frac{23}{12}\pi \simeq 6.021 \quad .$$

Aufgaben:

4.1.1: Man rechne die Gradangaben in Radiant um! (3 Nachpunktstellen)
  a) 171.887°
  b) 38° 14′ 22″ (1° = 60′, 1′ = 60″)

  Man rechne die Bogenmaßangaben in Gradmaß um! (2 Nachpunktstellen)
  c) $\pi/12$
  d) 2.5

  Man berechne exakt oder mit 3 Nachpunktstellen die Werte aller 4 Winkelfunktionen nach Zurückführung auf spitze Winkel:
  e) $10\pi/3$
  f) $-21\pi/4$
  g) -3.02
  h) 50
  i) 240°
  j) $-2000°$
  k) Welche Grundperiode und welche Wertemenge hat $y = 0.5\,\cos(\omega x)$?

4.1.2: Ermitteln Sie zu folgenden Gleichungen alle Lösungen im Intervall $[0;\,2\pi]$ als Vielfache von π mit Hilfe einer Skizze !
  a) $\cos x = 0.5$
  b) $\sin x = -\frac{1}{2}\sqrt{2}$
  c) $\tan x = -1$
  d) $\sin 2x = 1$
  e) $\sin^2 x = 1/4$ ($\sin^2 z$ ist eine Abkürzung für $(\sin z)^2$)
  f) Welche Beziehungen zwischen cos und sin, tan und cot erhält man durch Spiegelung von $P(u;v)$ an der Winkelhalbierenden des I. Quadranten?

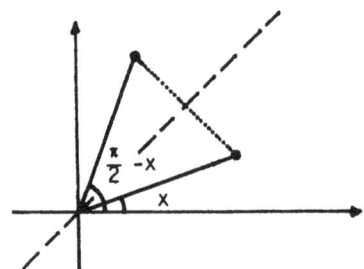

  Zeichnen Sie die Graphen von
  g) $y = |\sin x|$ $(-2\pi \leq x \leq +2\pi)$
  h) $y = \sin |x|$ $(-2\pi \leq x \leq +2\pi)$

4.1.3: Ermitteln Sie die Lösungsmenge:
a) $\cot x = -\sqrt{3}$
b) $\sin x = 0.2$ (3 Nachpunktstellen)
c) $\cos x = -1$
d) $\sin 2x = -1$
e) $\cos(3x - \pi/3) = -0.4$
f)
$$\sin(\frac{x-1}{2}) = 0.8$$
g)
$$\sin(\frac{x}{3} + \frac{\pi}{3}) = -0.5$$
h) Welche Lösungen von g) liegen im Intervall $[\pi; 3\pi]$?
i) Welche Winkel x des Grundintervalls $]-\pi; +\pi]$ erfüllen die Ungleichung $\sin x > 0.5$?
j) Ebenso für $\cos x \geq \frac{1}{2}\sqrt{3}$
k) Ebenso für $\cos 2x < 0$
l) Berechnen Sie r (>0) und z $(-\pi < z \leq \pi)$ aus $u = r \cdot \cos z$, $v = r \cdot \sin z$!

4.2. Additionstheoreme

Die Funktionalgleichungen

$$\cos(x_1 + x_2) = \cos x_1 \cdot \cos x_2 - \sin x_1 \cdot \sin x_2$$

$$\sin(x_1 + x_2) = \cos x_1 \cdot \sin x_2 + \sin x_1 \cdot \cos x_2$$

bezeichnet man als die *Additionstheoreme* von cos und sin.

Testaufgabe 4.2:

a) Gewinnen Sie aus den Additionstheoremen für cos und sin eine Formel zur Umrechnung von $\cot 2x$ auf $\cot x$!

b) Bestimmen Sie die Lösungen von

$$\cos 2x = \cot x - 1$$

im Intervall $[0; 2\pi[$!

Lösung zu Testaufgabe 4.2:

a)
$$\cot 2x = \frac{\cos(x+x)}{\sin(x+x)} = \frac{\cos^2 x - \sin^2 x}{2\sin x \cos x} =$$
$$= \frac{1}{2}(\frac{\cos x}{\sin x} - \frac{\sin x}{\cos x}) = \frac{1}{2}(\cot x - \frac{1}{\cot x}) \quad .$$

b) Mit $\cos 2x = \cos^2 x - \sin^2 x = 2\cos^2 x - 1$ ist die gegebene Gleichung äquivalent zu

$$2\cos^2 x - 1 = \frac{\cos x}{\sin x} - 1 \iff 2\cdot \cos^2 x \cdot \sin x = \cos x \quad .$$

1. Fall: $\cos x = 0 \iff x_1 = \pi/2,\ x_2 = 3\pi/2$.
2. Fall: $\cos x \neq 0$.
   Dann kann man die Gleichung durch $\cos x$ dividieren:

$$2\cdot \cos x \cdot \sin x = 1 \iff \sin 2x = 1 \quad .$$

Lösungen im Intervall $[0; 2\pi[$ sind

$$x_3 = \frac{\pi}{4},\ x_4 = \frac{5}{4}\pi \quad .$$

Die Lösungsmenge ist daher

$$L = \{\frac{\pi}{4};\ \frac{\pi}{2};\ \frac{5}{4}\pi;\ \frac{3}{2}\pi\} \quad .$$

Aus den Additionstheoremen lassen sich viele andere trigonometrische Formeln durch Spezialisierung herleiten:

Beispiel:
Für $x_1 = x,\ x_2 = -x$ erhält man z. B. $\underbrace{\cos 0}_{1} = \cos x \cdot \cos(-x) - \sin x \cdot \sin(-x) =$
$\cos x \cdot \cos x - \sin x \cdot (-\sin x)$, d. h.

$$\cos^2 x + \sin^2 x = 1 \quad .$$

Diese Formel ist der wichtigste Zusammenhang zwischen den beiden Funktionen. ($\cos^2 x$ und $\sin^2 x$ sind Abkürzungen für $(\cos x)^2$ bzw. $(\sin x)^2$.)

Beispiel 4.2.1:

Es sei $\sin x = -0.6$ bekannt.

Aus $\cos^2 x + \sin^2 x = 1$ folgt dann

$$\cos x = \pm\sqrt{1 - \sin^2 x} = \pm\sqrt{1 - 0.36} = \pm 0.8 \quad .$$

Wir überlegen, welches Vorzeichen zuständig ist und beschränken uns auf das Intervall $]-\pi; +\pi]$:

Wegen $\sin x < 0$ gilt jedenfalls $-\pi < x < 0$. Weiter:

$$\cos x = \begin{cases} 0.8 & \text{falls } -\frac{\pi}{2} < x < 0 \\ -0.8 & \text{falls } -\pi < x < -\frac{\pi}{2} \end{cases} \quad .$$

(Daraus folgt

$$x_1 = -\operatorname{Arccos} 0.8 \simeq -0.644 \; ,$$

wenn x_1 im IV. Quadranten,

$$x_2 = -\operatorname{Arccos}(-0.8) \simeq -2.498 \; ,$$

wenn x_2 im III. Quadranten liegt. Dies sind natürlich die Lösungen von $\sin x = -0.6$ im Intervall $]-\pi; +\pi]$.)

Aus den Additionstheoremen folgt für $x_1 = x_2 = x$:

$$\cos 2x = \cos^2 x - \sin^2 x$$

$$\sin 2x = 2 \cdot \cos x \cdot \sin x \quad .$$

Beispiel 4.2.2:
$$\tan 2x = \cos x$$

läßt sich mit Hilfe der Beziehung $\tan x = \sin x / \cos x$ so umformen, daß nur noch $\cos x$ und $\sin x$ enthalten sind:

$$\tan 2x = \frac{\sin 2x}{\cos 2x} = \frac{2 \sin x \cos x}{\cos^2 x - \sin^2 x} = \cos x \iff$$

$$\begin{cases} \cos x = 0 & \text{(I) oder} \\ 2 \sin x = \cos^2 x - \sin^2 x & \text{(II)} \end{cases} \quad .$$

Die Lösungsmenge von (I) ist $L_I = \{x = (2k+1)\pi/2 \mid (k \in \mathbf{Z})\}$.

Um die Lösungsmenge von (II) zu bestimmen, drückt man entweder den cos durch den sin aus oder umgekehrt, hier am besten:

$$2 \sin x = 1 - \sin^2 x - \sin^2 x \iff 2\sin^2 x + 2\sin x - 1 = 0 \ .$$

Die Substitution $u = \sin x$ führt zu

$$u^2 + u - \frac{1}{2} = 0 \iff u_{1/2} = \frac{1}{2}\left(-1 \pm \sqrt{1 + 4 \cdot \frac{1}{2}}\right) = \frac{1}{2}(-1 \pm \sqrt{3}) \ .$$

Die Gleichung $\sin x = \frac{1}{2}(-1-\sqrt{3})$ besitzt keine Lösung, da $|\frac{1}{2}(-1-\sqrt{3})| > 1$. Aus $\sin x = \frac{1}{2}(-1+\sqrt{3})$ erhält man $x_1 = \text{Arcsin}\,(\frac{1}{2}(-1+\sqrt{3})) \simeq 0.375$ oder $x_2 = \pi - x_1 \simeq 2.767$ und daher die Lösungsmenge $L_{II} = \{x = x_{1/2} + 2k\pi |\ k \in \mathbf{Z}\}$.
$L_I \cup L_{II}$ ist die Lösungsmenge der gegebenen Gleichung.

In ähnlicher Weise lassen sich weitere trigonometrische Formeln gewinnen.

Beispiel 4.2.3:

a) Additionstheorem des Tangens:

$$\tan(x_1 + x_2) = \frac{\sin(x_1+x_2)}{\cos(x_1+x_2)} = \frac{\cos x_1 \cdot \sin x_2 + \cos x_2 \cdot \sin x_1}{\cos x_1 \cdot \cos x_2 - \sin x_1 \cdot \sin x_2}$$

$$= \frac{\dfrac{\sin x_2}{\cos x_2} + \dfrac{\sin x_1}{\cos x_1}}{1 - \dfrac{\sin x_1}{\cos x_1} \cdot \dfrac{\sin x_2}{\cos x_2}} = \frac{(\tan x_1) + (\tan x_2)}{1 - (\tan x_1) \cdot (\tan x_2)} \ .$$

Natürlich müssen alle Nenner $\neq 0$ sein.

b) Addition von

$$\sin(x_1 + x_2) = \cos x_1 \cdot \sin x_2 + \cos x_2 \cdot \sin x_1$$

und

$$\sin(x_1 - x_2) = \sin(x_1 + (-x_2)) = \cos x_1 \cdot \sin(-x_2) + \cos(-x_2) \cdot \sin x_1$$
$$= -\cos x_1 \cdot \sin x_2 + \cos x_2 \cdot \sin x_1$$

liefert

$$\sin(x_1 - x_2) + \sin(x_1 + x_2) = 2 \cdot \cos x_2 \cdot \sin x_1 \ .$$

Mit der Substitution

$$\left.\begin{array}{l} z_1 = x_1 + x_2 \\ z_2 = x_1 - x_2 \end{array}\right\} \iff \left(\begin{array}{l} x_1 = \dfrac{1}{2}(z_1 + z_2) \\ x_2 = \dfrac{1}{2}(z_1 - z_2) \end{array}\right.$$

erhält man die Formel

$$\sin z_1 + \sin z_2 = 2 \cdot \cos \frac{z_1 - z_2}{2} \cdot \sin \frac{z_1 + z_2}{2} \ .$$

Aufgaben:

4.2.1: In welchen Teilintervallen von $[-2\pi; +2\pi]$ gilt
a) $\sin x = \sqrt{1 - \cos^2 x}$
b) $\sin x = -\sqrt{1 - \cos^2 x}$
c) $\cos x = \sqrt{1 - \sin^2 x}$
d) $\cos x = -\sqrt{1 - \sin^2 x}$

Berechnen Sie
e) $\cos x$ zu $\sin x = 0.8$ ($\frac{\pi}{2} < x < \pi$)
f) $\sin x$ zu $\cos x = 7/25$ ($-\frac{\pi}{2} < x < 0$)
g) $\cos x$ zu $\sin x = \dfrac{2t}{1+t^2}$ ($-\pi < x < -\dfrac{\pi}{2}$)

Beweisen Sie
h)
$$1 + \tan^2 x = \frac{1}{\cos^2 x}$$

i)
$$1 + \cot^2 x = \frac{1}{\sin^2 x}$$

Drücken Sie für $-\pi \leq x \leq \pi$ aus: (Fallunterscheidung!)
j) $\tan x$ durch $\sin x$
k) $\tan x$ durch $\cos x$
l) $\sin x$ durch $\tan x$
m) $\cos x$ durch $\tan x$

4.2.2: Bestimmen Sie die Lösungsmengen folgender trigonometrischer Gleichungen:
a) $\tan x + \sin x = 0$
b) $\sin x = \cot x$ (3 Nachpunktstellen)
c) $3\cos x = \tan x$ (3 Nachpunktstellen)
d) $\sin 2x = \cos x$
e) $3\cos^2 x = \sin^2 2x$
f) $2\sin^2 x - 1 = \cot 2x$
g)
$$\cos(x + \frac{\pi}{4}) - \sin(x - \frac{\pi}{4}) = 0$$

h)
$$\sin(x + \frac{\pi}{6}) + \cos(x - \frac{\pi}{6}) = \frac{1}{2}$$

i) $3\sin x + 4\cos x = 1$

4.2.3: a) Drücken Sie $\sin x$, $\cos x$, $\tan x$ durch $\sin\frac{x}{2}$ bzw. $\cos\frac{x}{2}$ bzw. $\tan\frac{x}{2}$ aus!
($|x| \leq \pi$)
b) Drücken Sie mit Hilfe der Additionstheoreme $\cos 3x = \cos(2x + x)$ sowie $\sin 3x$ durch $\cos x$ bzw. $\sin x$ aus!

c) Leiten Sie ein Additionstheorem für den cot her!
d) Ermitteln Sie Formeln für $\cos(x_1 - x_2)$ und $\tan(x_1 - x_2)$!
e) Stellen Sie $2 \cdot \sin x_1 \cdot \sin x_2$ sowie $2 \cdot \cos x_1 \cdot \cos x_2$ durch Summen dar!
f) Gewinnen Sie aus e) Produktformeln für $\cos z_1 - \cos z_2$, $\cos z_1 + \cos z_2$
g) Beweisen Sie
$$\cos x + \sin x = \sqrt{2} \cdot \sin(x + \frac{\pi}{4})$$
h) Vereinfachen Sie $\sin x + \sin(x + 2\pi/3) + \sin(x + 4\pi/3)$
i) Zur Lösung der Aufgabe
$$u \cdot \cos x + v \cdot \sin x + w = 0$$

setze man
$u = r \cdot \cos z$, $v = r \cdot \sin z$ $(-\pi < z \leq \pi)$,
berechne r und z (s. Aufgabe 4.1.3 l))
und zeige, daß die gegebene Gleichung mit
$$\cos(x - z) = -\frac{w}{r}$$

äquivalent ist!
Lösen Sie so die gegebene Gleichung!

Lösungen

1.1:

1.1.1: a) $2(2-y) - 3y = 4 - 2y - 3y = 4 - 5y$
b) $2x - 3(2-x) = 2x - 6 + 3x = 5x - 6$
c) $(y+1) - (y+1)y = 1 - y^2$
d) $x - x(1/x - 1) = x - 1 + x = 2x - 1$
e) $2x - 4(x-1)x = 2x - 4x^2 + 4x = 6x - 4x^2$
f) $2(a^2 - 2a - 1) - 4a(a^2 - 2a - 1) = 2a^2 - 4a - 2 - 4a^3 + 8a^2 + 4a = -4a^3 + 10a^2 - 2$
g)
$$\frac{1}{2a+3b} - 3b \quad (\neq \frac{1}{2a}!)$$

h)
$$\frac{-2(y^2-1)}{\left(\frac{1-y^2}{y}\right)^2} = \frac{2y^2(1-y^2)}{(1-y^2)^2} = \frac{2y^2}{1-y^2}$$

i)
$$(z - \frac{1}{z}) + \frac{2}{z - \frac{1}{z}} = \frac{z^2-1}{z} + \frac{2z}{z^2-1} = \frac{z^4 - 2z^2 + 1 + 2z^2}{z(z^2-1)} = \frac{z^4+1}{z(z^2-1)}$$

1.1.2: a) von innen:
$6x - (12 - 13x - 5 + 2x) + (4x - x - 12) = 6x - (7 - 11x) + (3x - 12) = 6x - 7 + 11x + 3x - 12 = 20x - 19$

von außen:
$6x - (12 - 13x) + (5 - 2x) + 4x - (x+12) = 6x - 12 + 13x + 5 - 2x + 4x - x - 12 = 20x - 19$

b) $3.2a - 2.8b + (1.9c - 7.3a) - 10.8c + (13.4a + 6.1b - 4.4c) = 3.2a - 2.8b + 1.9c - 7.3a - 10.8c + 13.4a + 6.1b - 4.4c = 9.3a + 3.3b - 13.3c$

c) $1.2m - (2.4n + 3.5 - 1.8n + 1.9) - (-7.3 + 4.6m + 1.2m - 8.3) = 1.2m - (0.6n + 5.4) - (5.8m - 15.6) = 1.2m - 0.6n - 5.4 - 5.8m + 15.6 = 10.2 - 4.6m - 0.6n$

d) $18x - 2(3x - 5) - 50(4x - 16) - 12x + 30(17 - 4x) = 6x - 6x + 10 - 200x + 800 + 510 - 120x = 1320 - 320x$

e) $200x - (138x + 190 - 310 - 8x) = 115 + 100x - 22x + 161 + 70x \iff 200x - (130x - 120) = 276 + 148x \iff 70x + 120 = 148x + 276 \iff -156 = 78x \iff x = -2$

Probe: Linke Seite: -20, rechte Seite: -20

1.1.3:

B \ A	x	$1-x$	$\frac{1}{x}$	$1-\frac{1}{x}$	$\frac{1}{1-x}$	$\frac{x}{x-1}$
x	x	$1-x$	$\frac{1}{x}$	$1-\frac{1}{x}$	$\frac{1}{1-x}$	$\frac{x}{x-1}$
$1-x$	$1-x$	x	$1-\frac{1}{x}$	$\frac{1}{x}$	$\frac{x}{x-1}$	$\frac{1}{1-x}$
$\frac{1}{x}$	$\frac{1}{x}$	$\frac{1}{1-x}$	x	$\frac{x}{x-1}$	$1-x$	$1-\frac{1}{x}$
$1-\frac{1}{x}$	$1-\frac{1}{x}$	$\frac{x}{x-1}$	$1-x$	$\frac{1}{1-x}$	x	$\frac{1}{x}$
$\frac{1}{1-x}$	$\frac{1}{1-x}$	$\frac{1}{x}$	$\frac{x}{x-1}$	x	$1-\frac{1}{x}$	$1-x$
$\frac{x}{x-1}$	$\frac{x}{x-1}$	$1-\frac{1}{x}$	$\frac{1}{1-x}$	$1-x$	$\frac{1}{x}$	x

1.1.4: a) $(x-3)(x+1) = x^2 - 2x - 3$
(ein beliebter Fehler: $= x - 3(x+1) = \ldots$!)
b) $(z+16)(z-1) - 15z = 0 \iff z^2 + 15z - 16 - 15z = 0 \iff z^2 = 16 \iff z = \pm 4$
c) nach Multiplikation mit dem Hauptnenner $9(2-x)$ erhält man
$3(1-x) + 3(1+x) = 2-x \iff 3 - 3x + 3 + 3x = 2 - x \iff x = -4$
d)
$$y = \underbrace{(2x)^5}_{\neq 2x^5} = 2^5 x^5 = 32 x^5 \quad !$$

e) $z^2 = (3^2 a^4 b^6)^7 = 3^{14} a^{28} b^{42} \iff z = \pm 3^7 a^{14} b^{21} = \pm (3 a^2 b^3)^7$
f) $x = 10^{3+a} = 1000 \cdot 10^a$

1.1.5: a) $(a(b^3)) + (c/((d-e)^2))$

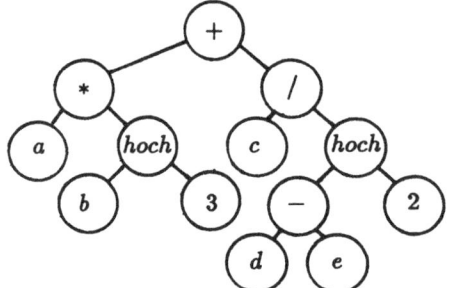

b) $(2^{(z-3)})/(x - (y/(3^x)))$

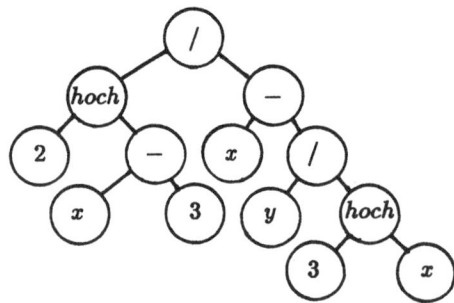

1.1.6:
$$2 * \sqrt{x} - \frac{\sin(a+b)}{(x-y)} < 100 * (k+m)^2 \quad \text{und nicht} \quad x > 2 \text{ oder } \sqrt{x^2+1} \geq 100$$

Sie sehen, Prioritätenregeln ersparen viele Klammerpaare!

1.2:

1.2.1: a) $12x^2 - 16xy - 9xy + 12y^2$
b) $(3x - x^2) - (2x - x^2 - 2 + x) = 3x - x^2 - 3x + x^2 + 2 = 2$
c) $13x^3 - (4x^3 - 6x^2 - 6x^4 + 9x^3) = 13x^3 - (13x^3 - 6x^4 - 6x^2) = 6x^4 + 6x^2$
d) $13.12b^2 + (3.75a^2 + 8.0ab - 6.15ab - 13.12b^2) = 3.75a^2 + 1.85ab$
e) $(16x^2 - 10x + 1) + (-16x^2 + 8x - 1) = -2x$
f) $(2xy + y^2 - 6x^2 - 3xy)(x - 2y) = (y^2 - 6x^2 - xy)(x - 2y) = xy^2 - 6x^3 - x^2y - 2y^3 + 12x^2y + 2xy^2 = -6x^3 + 11x^2y + 3xy^2 - 2y^3$
g) $4x^3 - 3x^2y + 2x^2z - x^4 - 8x^2 + 6xy - 4xz + 2x^3 + 4xy - 3y^2 + 2yz - x^2y = 6x^3 - x^4 - 8x^2 - 4x^2y + 10xy + 2x^2z - 4xz - 3y^2 + 2yz$
Markieren Sie die beim Zusammenfassen bereits berücksichtigten Summanden, um keinen zu vergessen!
h) $(2x^2)^2 - (3x)^2 = 4x^4 - 9x^2$
i) $(-1)(x^2 - 4xy + 4y^2)(x^2 + 4xy + 4y^2) = (-1)((x^2 + 4y^2) - 4xy)((x^2 + 4y^2) + 4xy) = (-1)((x^2 + 4y^2)^2 - 16x^2y^2) = -(x^4 + 8x^2y^2 + 16y^4 - 16x^2y^2) = -(x^4 - 8x^2y^2 + 16y^4) = -(x^2 - 4y^2)^2$
oder bequemer: $((x - 2y)(x + 2y))((2y - x)(2y + x)) = (x^2 - 4y^2)(4y^2 - x^2) = -(x^2 - 4y^2)^2$
j) $(a^3 - 6a^2b + 12ab^2 - 8b^3)(-1)^3(8a^3 + 12a^2b + 6ab^2 + b^3) = (-1)(8a^6 - 48a^5b + 96a^4b^2 - 64a^3b^3 + 12a^5b - 72a^4b^2 + 144a^3b^3 - 96a^2b^4 + 6a^4b^2 - 36a^3b^3 + 72a^2b^4 - 48ab^5 + a^3b^3 - 6a^2b^4 + 12ab^5 - 8b^6) = -8a^6 + 36a^5b - 30a^4b^2 - 45a^3b^3 + 30a^2b^4 + 36ab^5 + 8b^6$
k) $(-1)^2(x - 1)^2(x - 1)^3(x + 1)^2 = (x - 1)^5(x + 1)^2 = (x - 1)^3((x - 1)(x + 1))^2 = (x - 1)^3(x^2 - 1)^2 = (x^3 - 3x^2 + 3x - 1)(x^4 - 2x^2 + 1) = x^7 - 3x^6 + x^5 + 5x^4 - 5x^3 - x^2 + 3x - 1$
l) $(a + b)^5 - (a - b)^2(a + b)^3(-1)^3 = (a + b)^3((a + b)^2 + (a - b)^2) = (a^3 + 3a^2b + 3ab^2 + b^3)(a^2 + 2ab + b^2 + a^2 - 2ab + b^2) = (a^3 + 3a^2b + 3ab^2 + b^3)2(a^2 + b^2) = 2(a^5 + 3a^4b + 3a^3b^2 + a^2b^3 + a^3b^2 + 3a^2b^3 + 3ab^4 + b^5) = 2a^5 + 6a^4b + 8a^3b^2 + 8a^2b^3 + 6ab^4 + 2b^5$

1.2.2: a) $39a(2a - 3b)$
b) Der g.g.T. von $192 = 2^6 \cdot 3$, $216 = 2^3 \cdot 3^3$, $144 = 2^4 \cdot 3^2$ ist $2^3 \cdot 3^1 = 24$; daher ergibt der Term $24xy(8xy + 9x^2 - 6y)$
c) $(-1)(5x^4 + 3x^2 + 15y^2)$
d) $-19a^3b^3c^2(8a^2 + 7b^2c^2 - 5abc)$
e) $(2u - (u - v))(u + v) = (2u - u + v)(u + v) = (u + v)^2$
f) $(a + 2b)(4x + y - (y - 4x)) = 8x(a + 2b)$
g) $(2x + 3)(a - b)^3(3(2x + 3) + 8(b - a)^2)$
h) $(x - y)(y - 2x)(x + 2y - y(-3)(-2)) = (x - y)(y - 2x)(x - 4y)$

1.2.3: a) $5(2x^2 - \frac{12}{5}y + 3z)$
  b) $72(x^2 - 3xy + \frac{5}{2}y^2)$
  c) $(-1)(-x^4 - x^3 + x^2 + 1)$
  d) $(-2x)(-\frac{3}{2}x^4 + \frac{1}{2}x^2 - x)$
  e) $(-5a)(-0.04ab - 0.1b^2 - 0.02\frac{b}{a})$

1.2.4: a) $(14x)^2 - (13y)^2 = (14x - 13y)(14x + 13y)$
  b) $(13a)^2 + 2 \cdot (13a) \cdot (6b) + (6b)^2 = (13a + 6b)^2$
  c) $2(49x^2y^4 - 56x^3y^3 + 16x^4y^2) = 2(7xy^2 - 4x^2y)^2$
  d) $-(2x - 3y)^2$
  e) $(10x^2 - 1)(10x^2 + 1) = (|x|\sqrt{10} - 1)(|x|\sqrt{10} + 1)(10x^2 + 1)$
  f) $((2m - n) - (n + 2m))((2m - n) + (n + 2m)) = (-2n)(4m) = -8mn$
  g) $-(\frac{1}{2}x + 2y)^2$
  h) $\frac{1}{2}((p+q)^2 + (p-q)^2 + 2(p-q)(p+q)) = \frac{1}{2}((p+q) + (p-q))^2 = \frac{1}{2}(2p)^2 = 2p^2$
  i) $36m^2(4r^2 + 9s^2 - 12rs) - n^2(169r^2 + 4s^2 - 52rs) = 36m^2(2r - 3s)^2 - n^2(13r - 2s)^2 =$
  $(6m(2r - 3s) - n(13r - 2s))(6m(2r - 3s) + n(13r - 2s)) =$
  $(r(12m - 13n) - 2s(9m - n))(r(12m + 13n) - 2s(9m + n))$
  j) $x^2(6a + 3b)^2 - y^2(7a - b)^2 = (3x(2a + b) - y(7a - b))(3x(2a + b) + y(7a - b)) =$
  $((6x - 7y)a + (3x + y)b)((6x + 7y)a + (3x - y)b)$
  k) $((2x) + (-1))^3 = (2x - 1)^3$
  l) Hoffentlich sind Sie nicht hereingefallen!
  $16x^2 + 18xy + 9y^2$ ist nicht etwa $(4x + 3y)^2$; dann müßte statt $18xy$ ja $24x$ stehen.
  Will man die binomische Formel $a^2 + 2ab + b^2 = (a+b)^2$ mit $a = 4x$, $2ab = 18x$ verwenden, bleibt ein Rest:
  $$\underbrace{16x^2 + 18xy + (\frac{9}{4}y)^2}_{(4x+\frac{9}{4}y)^2} + \underbrace{9y^2 - (\frac{9}{4}y)^2}_{=\frac{63}{16}y^2 \text{ (Rest)}}$$

1.2.5: a) $4(x^2 + x + \frac{1}{4}) + 2 - \frac{1}{4} \cdot 4 = (2(x + \frac{1}{2}))^2 + 1^2 = (2x + 1)^2 + 1^2$
  b) $9(x^2 + 4x + 4) + 40 - 4 \cdot 9 = (3(x + 2))^2 + 2^2$
  c) $16(x^2 + 3x + \frac{9}{4}) + (100 - \frac{9}{4} \cdot 16) =$
  $16(x + \frac{3}{2})^2 + 64 = (4x + 6)^2 + 8^2$
  d) $64(x^2 - 7x + (\frac{7}{2})^2) + (800 - \frac{49}{4} \cdot 64) =$
  $(8(x - \frac{7}{2}))^2 + 16 = (8x - 28)^2 + 4^2$
  e)
  $$a\left(x^2 + \frac{b}{a}x + \left(\frac{b}{2a}\right)^2\right) + c - \frac{b^2}{4a^2} \cdot a = a\left(x + \frac{b}{2a}\right)^2 + \frac{4ac - b^2}{4a} =$$
  $$= \left(\sqrt{a}(x + \frac{b}{2a})\right)^2 + \left(\frac{\sqrt{a(4ac - b^2)}}{2a}\right)^2$$

1.2.6: a) $(x-3)(x+4)$
b) $(x-12)(x+1)$
c) $(x-12)(x-1)$
d) $(x+6)(x-2)$
e) $(x-2)(x-5)$
f) $4(x^2+x-20) = 4(x+5)(x-4)$
g) $12(x^2-8x-65) = 12(x-13)(x+5)$
h) $(x-a)(x-(a+1))$
i) $(x+(2a-3b))(x+(2a+3b))$

1.2.7: a)
$$(a^3+b^3) = (a+b)(\ldots\quad) \quad .$$

Jedenfalls muß der zweite Faktor den Summanden a^2 enthalten; dann erhält man beim Ausmultiplizieren $a^2 b$, was links nicht vorkommt. Es muß sich also beim Ausmultiplizieren auch $-a^2 b$ ergeben, d. h., im zweiten Faktor muß $-ab$ vorkommen:
$$(a^3+b^3) = (a+b)(a^2-ab\ldots\quad) \quad .$$

Multipliziert man wiederum aus, so erhält man $a^3 + a^2 b - a^2 b - ab^2$; $-ab^2$ kommt wiederum links nicht vor; es muß sich also beim Ausmultiplizieren auch $+ab^2$ ergeben; d. h., im zweiten Faktor muß b^2 vorkommen:
$$(a^3+b^3) = (a+b)(a^2-ab+b^2) \quad .$$

Erneutes Ausmultiplizieren zeigt, daß die gesuchte Zerlegung gefunden ist. Ersichtlich handelt es sich bei unserem Vorgehen um den bekannten *Divisions-Algorithmus für Polynome*.

b) $a^3 - b^3 = a^3 + (-b)^3 = (a+(-b))(a^2 - a(-b) + (-b)^2)$, also
$$a^3 - b^3 = (a-b)(a^2+ab+b^2)$$

c) $320x^3 - 135y^6 = 5(64x^3 - 27y^6) = 5((4x)^3 - (3y^2)^3) =$
$5(4x - 3y^2)(16x^2 + 12xy^2 + 9y^4)$

1.2.8: $(2x)^2 + (-4y)^2 + (5z^2)^2 + 2(2x)(-4y) + 2(2x)(5z^2) + 2(-4y)(5z^2) = (2x-4y+5z^2)^2$

1.3:

1.3.1: a)
$$\frac{2^2 \cdot 3 \cdot 17 \cdot a^2 \cdot b^3 \cdot c}{3 \cdot 5 \cdot 17 \cdot a \cdot b^2 \cdot c^3} = \frac{4ab}{5c}$$

b) Haben Sie etwa $x - 2$ gekürzt? — Dies ist leider falsch, da $(x-2)$ im Nenner kein Faktor ist. Man kann höchstens 5 im Nenner ausklammern und kürzen:
$$\frac{5(x-2)}{5(x-2/5)} = \frac{x-2}{x-2/5}$$

c)
$$\frac{84m(m-2n)}{-72(m-2n)} = -\frac{7}{6}m$$

d) Im Zähler und Nenner stehen jeweils unzerlegbare Summen von Quadraten. Möglich ist höchstens
$$\frac{x^2+0.2}{3x^2+0.2}.$$

e)
$$\frac{288(x-y)}{432(x-y)(x+y)} = -\frac{2}{3(x+y)}$$

f)
$$\frac{(a+1)^2}{2(a-1)(a+1)} = \frac{a+1}{2(a-1)}$$

g) a^2+b^2 ist unzerlegbar; daher kann man nicht kürzen.

h)
$$\frac{(a+b)(a^2-ab+b^2)}{(a+b)(a-b)} = \frac{a^2-ab+b^2}{a-b}$$

i)
$$\frac{1-x}{(1-x)(1+x+x^2)} = \frac{1}{1+x+x^2}$$

j)
$$\frac{(x-7)^2}{(x-7)(x+5)} = \frac{x-7}{x+5}$$

1.3.2: a)
$$\frac{3\cdot 5b - 2\cdot 4a}{20ab} = \frac{15b-8a}{20ab}$$

b)
$$\frac{4x^2-12+5x^3}{6x^4}$$

c)
$$\frac{(2x-3)(x+1)-(3-4x)x}{x^2(x+1)^2} = \frac{6x^2-4x-3}{x^2(x+1)^2}$$

d)
$$\frac{a^2-b^2-2a^2-2ab}{2a(a+b)} = \frac{-a^2-2ab-b^2}{2a(a+b)} = \frac{-(a+b)^2}{2a(a+b)} = -\frac{a+b}{2a}$$

e)
$$\frac{x^2+xy-x^2-y^2+xy-y^2}{x^2-y^2} = \frac{2xy-2y^2}{x^2-y^2} = \frac{2y(x-y)}{(x-y)(x+y)} = \frac{2y}{x+y}$$

f)
$$\frac{36(x-y)^2 - 35(x+y)^2}{20(x-y)^2(x+y)} = \frac{x^2 - 142xy + y^2}{20(x-y)^2(x+y)}$$

g)
$$\frac{4(x-1)(x+1) - 4x^4 + 2x^3 + 4x^4 - 2x^3 - 6x^2 + 2x^2 - x - 3}{x(2x-3)(x+1)} =$$
$$-\frac{x+7}{x(2x-3)(x+1)}$$

h)
$$\frac{x^3 - a^2x + ax + a^2 + ax - a^2}{(x-a)^2(x+a)} - 1 = \frac{x^3 - a^2x + 2ax - x^3 + a^2x + x^2a - a^3}{(x-a)^2(x+a)} =$$
$$\frac{a(x^2 + 2x - a^2)}{(x-a)^2(x+a)}$$

1.3.3: a)
$$\frac{2^4 3^2 x^3 y^4 z \cdot 2^2 \cdot 3 \cdot 7 z^3}{2^8 x^2 y^5} = \frac{189 x z^4}{4y}$$

b)
$$\frac{24a^2y \cdot 49bx^3 \cdot 25a^3x}{65b^2x^2 \cdot 36ay^2 \cdot 84by^2} = \frac{2 \cdot 7 \cdot 5 \cdot a^4x^2}{13 \cdot 3 \cdot 12 \cdot b^2y^3} = \frac{35a^4x^2}{234b^2y^3}$$

c), d)
$$\frac{24a^2y \cdot 49bx^3 \cdot 84by^2}{65b^2x^2 \cdot 36ay^2 \cdot 25a^3x} = \frac{2 \cdot 49 \cdot 84 \cdot y}{65 \cdot 3 \cdot 25 \cdot a^2} = \frac{8232y}{4875a^2}$$

e)
$$\frac{(b+a) \cdot b}{b \cdot (b-a)} = \frac{b+a}{b-a}$$

f)
$$\frac{(m+n) \cdot (m+n)^2}{(m-n) \cdot (m^3 - n^3)} = \frac{(m+n)^3}{(m-n)^2(m^2 - mn + n^2)}$$

g)
$$\frac{x^2 + x - 2}{x^3} \cdot \frac{x^2}{x^2 - 1} = \frac{(x-1)(x+2)}{x(x-1)(x+1)} = \frac{x+2}{x(x+1)}$$

1.3.4: a) $2x^5 + 2x^4 - 3x^3 + 4x^2 - 6x + 1 = (x-2)(2x^4 + 6x^3 + 9x^2 + 22x + 38) + 77$
Die Division durch $(x-2)$ führt zum Rest 77.
$2x^5 + 2x^4 - 3x^3 + 4x^2 - 6x + 1 = (x-1)(2x^4 + 4x^3 + x^2 + 5x - 1)$
Die Division durch $(x-1)$ geht auf. 1 ist Nullstelle.
Wollen Sie das Divisionsschema wiederholen?

$$2x^5+2x^4-3x^3+4x^2-6x+1 = (x-2)(2x^4+6x^3+9x^2+22x+38)+77$$
$$\underline{2x^5-4x^4}$$

$$6x^4 \quad -3x^3$$
$$\underline{6x^4 \quad -12x^3}$$

$$9x^3 \quad +4x^2$$
$$\underline{9x^3 \quad -18x^2}$$

$$22x^2 \quad -6x$$
$$\underline{22x^2 \quad -44x}$$

$$38x \quad +1$$
$$\underline{38x \quad -76}$$

$$+77$$

b)

$$2x^4-11x^3+25x^2-32x+20 = (2x^2-7x+6)(x^2-2x+2.5)+(-2.5x+5)$$
$$\underline{2x^4-7x^3+6x^2}$$

$$-4x^3+19x^2-32x$$
$$\underline{-4x^3+14x^2-12x}$$

$$+5x^2-20x+20$$
$$\underline{+5x^2-17.5x+15}$$

$$-2.5x+5$$

c)
$$x^5+x^2+2x+2 = (x+1)(x^4-x^3+x^2+2) =$$
$$\underbrace{(x^2+2x+1)}_{(x+1)^2}(x^3-2x^2+3x-3)+\underbrace{(5x+5)}_{5(x+1)}$$

d) $x^4+5x^3+6x^2-4x-8 = (x+2)^3(x-1)$

e) $+1, -1$ sind Nullstellen, nicht dagegen $+2$; man kann also durch $(x-1)(x+1) = x^2-1$ dividieren: $= (x^2-1)(2x^2-7x+5)$.
Da $2x^2-7x+5 = (x-1)(2x-5)$, sind $+1$ und $+2.5$ weitere Nullstellen; die Linearfaktorzerlegung lautet also $= 2(x-1)^2(x+1)(x-2.5)$.

1.3.5: $x^4-3x^3-5x^2+29x-30 = (x-2)\underbrace{(x^3-x^2-7x+15)}_{(x+3)(x^2-4x+5)}$

$$x^4 - 3x^3 - 5x^2 + 29x - 30 = (x+3)\underbrace{(x^3 - 6x^2 + 13x - 10)}_{(x-2)(x^2-4x+5)}$$

$$x^4 - 3x^3 - 5x^2 + 29x - 30 = (x+6)(x^3 - 9x^2 + 49x - 265) + 1560$$

$$x^4 - 3x^3 - 5x^2 + 29x - 30 = \underbrace{(x^2 + x - 6)}_{(x-2)(x+3)}(x^2 - 4x + 5)$$

1.4:

1.4.1: a) $D = \{x \in \mathbf{R} |\ x \neq -1\}$
 b) $D = \{x|\ x \neq 2\} \cap \{x|\ x \neq -2\} = \{x|\ x \neq \pm 2\}$
 c) $D = \{x|\ x \neq \frac{27}{100}\} \cap \{x|\ x \neq \pm\frac{12}{25}\}$
 d) Der Nenner ist Null, wenn

$$625x^2 - 400x - 36 = 0 \iff x = \frac{400 \pm \sqrt{160000 + 4 \cdot 36 \cdot 625}}{2 \cdot 625} = \begin{cases} -2/25 \\ 18/25 \end{cases}$$

$D = \{x|\ x \neq -2/25\} \cap \{x|\ x \neq 18/25\}$

1.4.2: a) $(2x + 3 \geq 0$ und $2x - 5 \geq 0)$ oder $(2x + 3 \leq 0$ und $2x - 5 \leq 0) \iff$
 $(x \geq -1.5$ und $x \geq 2.5)$ oder $(x \leq -1.5$ und $x \leq 2.5) \iff$
 $x \geq 2.5$ oder $x \leq -1.5$;
 $D = \{x|\ x \leq -1.5$ oder $x \geq 2.5\}$
 b) $D = \{x|\ x < -1.5$ oder $x > 2.5\}$
 c) $-x - 3 > 0 \iff x < -3;\quad D = \{x|\ x < -3\}$
 d) $1 - x > 0$ und $1 + x > 0 \iff -1 < x < 1$;
 $D = \{x|\ -1 < x < +1\}$
 e) Zunächst muß wegen $\log_{10}(-x - 3)$ gelten: $x < -3$. Damit die Wurzel im Nenner definiert ist, muß gelten:
 $1 - \log_{10}(-x - 3) > 0 \iff \log_{10}(-x-3) < 1 \iff -x - 3 < 10 \iff x > -13$.
 $D = \{x|\ -13 < x < -3\}$
 f) $1 + x > 0$ und $\frac{1-x}{1+x} \geq 1 \iff x > -1$ und $1 - x \geq 1 + x \iff x > -1$ und $0 \geq x$;
 $D = \{x|\ -1 < x \leq 0\}$

2.1:

2.1.1: Die Gleichung ist definiert für
$(a - b \neq 0$ und $a + b \neq 0) \iff (a \neq b$ und $a \neq -b)$.
Dies setzen wir nun voraus.
Multiplikation mit dem Hauptnenner liefert die äquivalenten Gleichungen

$$2ax + 2bx - a^2 - ab + ax - bx + ab - b^2 = 2ab \iff 3ax + bx = a^2 + b^2 + 2ab$$

$$\iff x(3a + b) = (a + b)^2 \; .$$

Im Fall $3a + b \neq 0$ ist

$$L = \left\{ \frac{(a+b)^2}{3a+b} \right\} \; .$$

Im Fall $3a + b = 0 \iff b = -3a$ lautet die Gleichung $x \cdot 0 = (-2a)^2$. Wäre $a = 0$, so wäre wegen $b = \pm a = 0$ die Gleichung nicht definiert. Wenn aber $a \neq 0$ ist, hat die Gleichung keine Lösung. Im Fall $3a + b = 0$ ist also $L = \{\,\}$.

2.1.2: a)

$$D = \{x \in \mathbf{R} | \; x \neq 1\} \; .$$

Soweit $x \in D$, liefert Multiplikation mit $(1 - x) \; (\neq 0)$ die äquivalenten Gleichungen $1 = 1 - x \iff x = 0$. Also ist $L = \{\, 0 \,\}$.

b)

$$D = \{x | \; x \neq 1\} \; .$$

Nach Multiplikation mit $(1 - x)$ erhält man die Gleichung $1 = 0$, die durch keine Wahl von x zu erfüllen ist: $L = \{\,\}$.
(Ein Bruch ist eben nur dann 0, wenn sein Zähler 0 ist.)

c)

$$D = \{x | \; x \neq 1 \text{ und } x \neq -1 \,\} \; .$$

Soweit $x \in D$, liefert Multiplikation mit dem Hauptnenner die äquivalenten Gleichungen

$$1 + x - (1 - x) = 2(1 - x)(1 + x) \iff 2x = 2(1 - x^2) \iff x^2 + x - 1 = 0 \iff$$

$$x = \frac{1}{2}(-1 \pm \sqrt{1 + 4}) \; .$$

$$L = \{\frac{1}{2}(-1 + \sqrt{5}), \frac{1}{2}(-1 - \sqrt{5})\} \; .$$

d) D wie bei c). Für $x \in D$:

$$1 + x - (1 - x) = 2 \iff 2x = 2 \iff x = 1 \; .$$

Da $x = 1$ nicht in der Definitionsmenge liegt, hat die ursprüngliche Gleichung überhaupt keine Lösung: $L = \{\ \}$.

e) $D = \{x|\ x \neq -1\}$. Für $x \in D$:
$\iff x^2 - x - 2 = x + 1 \iff x^2 - 2x - 3 = 0 \iff x = \frac{1}{2}(2 \pm \sqrt{4+12}) \iff$
$x = \begin{cases} 3 \\ -1 \end{cases}$.
Da $x = -1$ nicht zur Definitionsmenge gehört, ist $L = \{3\}$.

f) $D = \{x|\ x \neq -1,\ x \neq -2\}$. Für $x \in D$:
$\iff x^2 - 1 = x^2 + 3x + 2 \iff 3x = -3 \iff x = -1$.
Da $x = -1 \notin D$, ist $L = \{\ \}$.

g) $D = \{x \in \mathbf{R}|\ x \neq \pm a\}$. Für $x \in D$:
$$\iff (a^2 - 1)(x + a) + (a^2 + 1)(x - a) = a(x^2 - a^2) + a^3$$
$$\iff (a^2 - 1 + a^2 + 1)x + (a^3 - a - a^3 - a) = ax^2 - a^3 + a^3 \iff ax^2 - 2a^2x + 2a = 0\ .$$

Im Fall $a = 0$ erfüllt jedes x der Definitionsmenge diese Gleichung, also jedes $x \neq 0$: $L = \{x \in \mathbf{R}|\ x \neq 0\}$.
Im Fall $a \neq 0$ gilt
$$x^2 - 2ax + 2 = 0 \iff x = \frac{1}{2}(2a \pm \sqrt{4a^2 - 8}) = a \pm \sqrt{a^2 - 2}\ .$$

Liegen diese Lösungen in der Definitionsmenge?
$a \pm \sqrt{a^2 - 2} = -a$ hätte $3a^2 = -2$ zur Folge, was für reelles a nicht möglich ist.
$a \pm \sqrt{a^2 - 2} = +a$ dagegen hat $a^2 = 2 \iff a = \pm\sqrt{2}$ zur Folge.
In diesem Fall liegt $x = a \pm \sqrt{a^2 - 2} = a$ nicht in der Definitionsmenge, die Lösungsmenge ist also leer.
Im Fall $a \neq 0$ gibt es also nur die für $|a| > 2$ definierten Lösungen
$x_{1/2} = a \pm \sqrt{a^2 - 2}$.

2.2:

2.2.1: a) $\iff -7 < 5x \iff x > -1.4$. $L =]-1.4;\ \infty[$.

b) $\iff \frac{x}{3} - \frac{x}{5} \leq 4 \iff \frac{2}{15}x \leq 4 \iff x \leq 30$. $L =]-\infty;\ 30]$.

c) $\iff 2 + x - x^2 \geq 12 - x - x^2 \iff 2x \geq 10 \iff x \geq 5$. $L = [5;\ \infty[$.

d)
$$\iff (a - 1)x < a \iff \begin{cases} x < \dfrac{a}{a-1} & \text{falls } a > 1 \\ x > \dfrac{a}{a-1} & \text{falls } a < 1 \\ x \text{ beliebig} & \text{falls } a = 1 \end{cases}$$

e) Im Fall $a^2 - 1 > 0 \iff |a| > 1$ ist die Ungleichung äquivalent zu

$$x(a-1)-(a+1) > 1 \iff x(a-1) > a+2 \iff \begin{cases} x > \dfrac{a+2}{a-1} & \text{falls } a > 1 \\ x < \dfrac{a+2}{a-1} & \text{falls } a < -1 \end{cases}.$$

Im Fall $a^2 - 1 < 0 \iff |a| < 1$ ist die Ungleichung äquivalent zu

$$x(a-1) < a+2 \iff x > \dfrac{a+2}{a-1}.$$

2.2.2: a) $D = \{x|\, x \neq 1\}$.
  (I) $x > 1$: $\iff 1 \geq 2x - 2 \iff 3 \geq 2x \iff x \leq 1.5$. $L_I =]1;\, 1.5]$.
  (II) $x < 1$: $\iff 1 \leq 2x - 2 \iff x \geq 1.5$. $L_{II} = \{\}$.
  $L = L_I$.

b) $D = \{x|\, x \neq 1.5\}$.
  (I) $x > 1.5$: $\iff 4 > 10x - 15 \iff x < 1.9$. $L_I =]1.5;\, 1.9[$.
  (II) $x < 1.5$: $\iff 4 < 10x - 15 \iff x > 1.9$. $L_I = \{\}$.
  $L = L_I$.

c) $D = \{x|\, x \neq -3\}$;.
  (I) $x > -3$: $\iff x - 2 > 6x + 18 \iff -20 > 5x \iff x < -4$. $L_I = \{\}$.
  (II) $x < -3$: $\iff x - 2 < 6x + 18 \iff x > -4$. $L_{II} =]-4;\, -3[$.
  $L = L_{II}$.

d) $D = \{x|\, x \neq -1\}$.
  (I) $x > -1$: $\iff 1 \geq 0 \iff x$ beliebig aus der Definitionsmenge.
  $L_I =]-1;\, \infty[$.
  (II) $x < -1$: $\iff 1 \leq 0 \iff L_{II} = \{\}$.
  $L = L_I$.

e) $L_I = \{x|\, x \leq -2 \text{ und } x \geq -1\} = \{\}$,
  $L = L_{II} = \{x|\, x \geq -2 \text{ und } x \leq -1\} = [-2;\, -1]$

f) $L_I = \{x|\, x < -2 \text{ und } x < -1\} =]-\infty;\, -2[$,
  $L_{II} = \{x|\, x > -2 \text{ und } x > -1\} =]-1;\, \infty[$,
  $L = L_I \cup L_{II}$.

g) $x(x - 4) > 0$:
  $L_I = \{x|\, x > 0 \text{ und } x > 4\} =]4;\, \infty[$, $L_{II} = \{x|\, x < 0 \text{ und } x < 4\} =]-\infty;\, 0[$
  $L = L_I \cup L_{II}$.

h) $L = \{x|\, x \neq 3\}$

i) $x^2 - 7x + 12 = (x-3)(x-4) < 0$:
  $L_I = \{x|x < 3 \text{ und } x > 4\} = \{\}, L_{II} = \{x|\, x > 3 \text{ und } x < 4\} =]3;\, 4[$,
  $L = L_I \cup L_{II} =]3;\, 4[$.

j) $D = \{x|\ x \neq 0\}$.
(I) $x > 0$: $\iff 2 > x(1+x) \iff x^2 + x - 2 < 0 \iff (x+2)(x-1) < 0$;
$L_I = \{x > 0|\ x < -2 \text{ und } x > 1\} \cup \{x > 0|\ x > -2 \text{ und } x < 1\} = \{x|\ -2 < x < 1\} =]0;\ 1[$.
(II) $x < 0$: $\iff (x+2)(x-1) > 0$;
$L_{II} = \{x < 0|\ x > -2 \text{ und } x > 1\} \cup \{x < 0|\ x < -2 \text{ und } x < 1\} = \{\} \cup]-\infty;\ -2[$
$L =]-\infty;\ -2[\ \cup\ ]0;\ 1[$.

2.2.3: a)
$$|x| < 3 \iff \begin{cases} x < 3 & \text{falls } x > 0 \\ 0 < 3 \text{ (wahr)} & \text{falls } x = 0 \\ -x < 3\ (\iff x > -3) & \text{falls } x < 0. \end{cases}$$

Daher ist $L =]0;\ 3[\ \cup\ \{0\}\ \cup\ ]-3;\ 0[\ =\ ]-3;\ +3[\ = \{x \in \mathbf{R}|\ \text{Abstand von } 0 \text{ kleiner } 3\ \}$.

b)
$$|x-3| < 1 \iff \begin{cases} x - 3 < 1 & \text{falls } x > 3 \\ 0 < 1 & \text{falls } x = 3 \\ -x + 3 < 1 & \text{falls } x < 3 \end{cases}$$
$$\iff \begin{cases} x < 4 & \text{falls } x > 3 \\ \text{wahr} & \text{falls } x = 3 \\ x > 2 & \text{falls } x < 3. \end{cases}$$

$L =]3;\ 4[\ \cup\ \{3\}\ \cup\ ]2;\ 3[\ =\ ]2;\ 4[\ = \{x \in \mathbf{R}|\ \text{Abstand von } 3 \text{ kleiner als } 1\ \}$.

c)
$$|x+1| \geq 1 \iff \begin{cases} x + 1 \geq 1 & \text{falls } x > -1 \\ 0 \geq 1 \text{ (falsch)} & \text{falls } x = -1 \\ -x - 1 \geq 1\ (\iff x \leq -2) & \text{falls } x < -1 \end{cases}$$
$$\iff \begin{cases} x \geq 0 & \text{falls } x > -1 \\ \text{falsch} & \text{falls } x = -1 \\ x \leq -2 & \text{falls } x < -1. \end{cases}$$

$L = [0;\ \infty[\ \cup\ \{\ \}\ \cup\ ]-\infty;\ -2] = \{x \in \mathbf{R}|\ \text{Abstand von } (-1) \text{ größer oder gleich } 1\ \}$.

2.3:

2.3.1: a)
$$x_{1/2} = \frac{7 \pm \sqrt{49 - 40}}{4}, \qquad L = \{1;\ 2.5\}$$

b)
$$x_{1/2} = \frac{7 \pm \sqrt{49+40}}{4}, \quad L = \{\tfrac{1}{4}(7+\sqrt{89}); \tfrac{1}{4}(7-\sqrt{89})\}$$

c)
$$x_{1/2} = \frac{-5 \pm \sqrt{25-120}}{6}, \quad L = \{\}$$

d)
$$x_{1/2} = \frac{52 \pm \sqrt{2704-2704}}{4}, \quad L = \{13\}$$

e) $9x(x-16) = 0$, $L = \{0; 16\}$

f)
$$u = x^3: \quad u_{1/2} = \frac{-5 \pm \sqrt{25+144}}{2} = \begin{cases} 4 \\ -9 \end{cases}.$$

$x^3 = 4$ hat die reelle Lösungsmenge $\{\sqrt[3]{4}\}$,
$x^3 = -9$ hat die reelle Lösungsmenge $\{-\sqrt[3]{9}\}$.
Daher ist $L = \{\sqrt[3]{4}; -\sqrt[3]{9}\}$.

g) $L = \{\}$ wegen c)

h)
$$1 - x - 2x^2 = 0 \quad (x \neq 0) \iff 2x^2 + x - 1 = 0 \iff x_{1/2} = \tfrac{1}{4}(-1 \pm \sqrt{1+8})$$
$$\iff L = \{-1; 0.5\}$$

i)
$$1 - x = x + x^2 \quad (x \neq -1) \iff x^2 + 2x - 1 = 0$$
$$\iff x_{1/2} = \tfrac{1}{2}(-2 \pm \sqrt{4+4}) = -1 \pm \sqrt{2} \iff L = \{-1+\sqrt{2}; -1-\sqrt{2}\}.$$

2.3.2: a) Man errät $x_1 = 1$ und spaltet $(x-1)$ ab:

$x^3 + 4x^2 + x - 6 = (x-1)(x^2 + 5x + 6)$
$x^3 - x^2$

$5x^2 + x$
$5x^2 - 5x$

$\qquad 6x - 6$

$x^2 + 5x + 6 = 0$ hat die Lösungen $x_{2/3} = \tfrac{1}{2}(-5 \pm \sqrt{25-24}) = \begin{cases} -3 \\ -2 \end{cases}$. Daher:
$L = \{-3; -2; 1\}$.

b) Wegen $x^4 - 3x^2 - 2x = x\underbrace{(x^3 - 3x - 2)}_{y(x)}$ ist $x_1 = 0$ eine Lösung. Wegen
$y(0) = -2$, $y(10) = +968$ hat $y(x)$ eine positive Nullstelle; man errät $x_2 = 2$ und spaltet ab:

$x^3 - 3x - 2 = (x-2)(x^2 + 2x + 1)$.
$\underline{x^3 - 2x^2}$

$\quad\quad 2x^2 - 3x$
$\quad\quad \underline{2x^2 - 4x}$

$\quad\quad\quad\quad x - 2$

$x^2 + 2x + 1 = (x+1)^2$ hat die zweifache Nullstelle $x_3 = -1$.
$L = \{-1;\ 0;\ 2\}$.

c) $D = \{x \in \mathbb{R}|\ x \neq 0\}$.
Multiplikation mit $x^3 \neq 0$ liefert $2x^3 + 2x^2 = 10x - 6 \iff x^3 + x^2 - 5x + 3 = 0$.
Durch Probieren errät man $x_1 = 1$. Abspalten von $(x-1)$ liefert
$(x-1)(x^2 + 2x - 3) = 0$. $x^2 + 2x - 3 = 0$ hat die Lösungen 1 und -3.
Damit ist $L = \{-3;\ 1\}$.

d) $D = \{x|\ x \neq 1\}$. Die Gleichung ist äquivalent zu
$x^3 - x^2 + 2x^2 - 2x + 2x = 5x - 5 + 2 \iff x^3 + x^2 - 5x + 3 = 0$.
Diese hat nach c) die Lösungsmenge $\{-3;\ 1\}$. Da 1 nicht zur Definitionsmenge der ursprünglichen Gleichung gehört, ist die Lösungsmenge nur $L = \{-3\}$.

2.4:

2.4.1: a) 5
 b) $2^{3/2} = 2\sqrt{2}$
 c) $|a|$
 d) $|x - 3|$

2.4.2: a) $\{-1;\ 7\}$
 b) $\{7\}$
 c) $\{-1\}$
 d) $\{-1;\ 7\}$

2.4.3: a) Aus (I) $\sqrt{x+4} = x + 2$ folgt durch Quadrieren
 (II) $x + 4 = x^2 + 4x + 4 \iff x^2 + 3x = 0 \iff x(x+3) = 0$.
 Die Lösungsmenge der Gleichung (II) ist $\{-3;\ 0\}$. Die Probe ergibt: 0 erfüllt (I), dagegen -3 nicht. Lösungsmenge von (I) ist daher $L = \{0\}$.

b) Es ist nicht sinnvoll, die gegebene Gleichung direkt zu quadrieren, weil dann d Wurzel nicht verschwindet. Man muß vielmehr zunächst die Wurzel "isolieren $x - 8 = \sqrt{4 + x}$.
$\Rightarrow$ (II) $x^2 - 16x + 64 = 4 + x$. $(II) \Longleftrightarrow x_{1/2} = \frac{1}{2}(17 \pm \sqrt{289 - 240})$.
$L_{II} = \{5; 12\}$.
5 erfüllt die gegebene Gleichung nicht. Es bleibt
$L = \{12\}$.

c) $D = \{x| \, x \geq 1\}$. (I) $\sqrt{x-1} = \sqrt{x^2 - 1}$ $\Rightarrow$ (II) $x - 1 = x^2 - 1$.
$(II) \Longleftrightarrow x^2 - x = 0 \Longleftrightarrow x(x - 1) = 0 \Longleftrightarrow L_{II} = \{0; 1\}$.
$L = \{1\}$, weil 0 nicht in der Definitionsmenge von (I) liegt.

d) $D = \{x| \, x > 1\}$. Die gegebene Gleichung ist daher äquivalent zu
$x - 2 = x - 1 + \sqrt{x-1} \Longleftrightarrow -1 = \sqrt{x-1}$.
$\Rightarrow$ $1 = x - 1$. Da $x = 2$ die ursprüngliche Gleichung nicht erfüllt, i $L = \{\,\}$.

e) Ein erstes Quadrieren liefert $x - 1 + x + 1 + 2\sqrt{x-1}\sqrt{x+1} = x^2 + 2x + 1 \Longleftrightarrow$
$2\sqrt{x^2 - 1} = x^2 + 1 \Longleftrightarrow 4x^2 - 4 = x^4 + 2x^2 + 1$.
$u = x^2$: $u^2 - 2u + 5 = 0 \Longleftrightarrow u_{1/2} = \frac{1}{2}(2 \pm \sqrt{4 - 20})$.
Die Lösungsmenge dieser Gleichung und damit auch die der gegebenen Gleichun sind leer!

f) Erstes Quadrieren:
$$2x - 3 = 25 - 10\sqrt{x + 5.5} + x + 5.5 \Longleftrightarrow x - 33.5 = -10\sqrt{x + 5.5}.$$

Zweites Quadrieren:
$$x^2 - 67x + 1122.25 = 100x + 550 \Longleftrightarrow x^2 - 167x + 572.25 = 0$$
$$\Longleftrightarrow x_{1/2} = \frac{1}{2}(167 \pm \sqrt{167^2 - 4 \cdot 572.25}) = \frac{1}{2}(167 \pm 160) = \begin{cases} 3.5 \\ 163.5 \end{cases}.$$

Nur 3.5 ist Lösung der ursprünglichen Gleichung, nicht 163.5.

g) Aus $\sqrt{2.5x - 10} = 2 - \sqrt{3.5x - 10}$ folgt
$2.5x - 10 = 4 + 3.5x - 10 - 4\sqrt{3.5x - 10} \Longleftrightarrow -x - 4 = -4\sqrt{3.5x - 10}$.
Daraus folgt: $x^2 + 8x + 16 = 16(3.5x - 10) \Longleftrightarrow x^2 - 48x + 176 = 0$
$$\Longleftrightarrow x_{1/2} = \frac{1}{2}(48 \pm \sqrt{2304 - 704}) = \begin{cases} 4 \\ 44 \end{cases}.$$

Nur 4 ist Lösung der gegebenen Gleichung, nicht 44.

2.5.1: a) J ist keine Türkin *und* ihr Vater ist Europäer.
b) Diese Anzahl p liegt nicht zwischen 10 und 20 , d. h.,

$$\text{non } (10 < p < 20) \quad \Longleftrightarrow \quad (p \leq 10 \text{ oder } p \geq 20)$$

(Letzteres ist richtig).
c) $x < -1$ *oder* $x > 3$
d) $x^2 < 4$ *oder* $x^2 > 9$

$$\Longleftrightarrow ((0 \leq x < 2 \text{ oder } -2 < x \leq 0)) \text{ oder } ((x > 3 \text{ oder } x < -3))$$

e) Es existiert ein $n \in \mathbb{N}$ mit $1 + 2 + \ldots \neq n(n+1)/2$
f) Es existiert eine Lösung x mit
$(x \leq 0 \text{ oder } x \geq 1) \text{ und } (x \leq 2 \text{ oder } x \geq 3)$

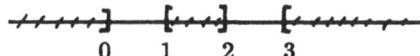

$\Longleftrightarrow \quad ((x \leq 0 \text{ oder } x \geq 1) \text{ und } x \leq 2) \text{ oder } ((x \leq 0 \text{ oder } x \geq 1) \text{ und } x \geq 3)$

$\Longleftrightarrow \quad \begin{cases} (x \leq 0 \text{ und } x \leq 2) \text{ oder } (x \geq 1 \text{ und } x \leq 2) \text{ oder} \\ (x \leq 0 \text{ und } x \geq 3) \text{ oder } (x \geq 1 \text{ und } x \geq 3) \end{cases}$

$\Longleftrightarrow \quad x \leq 0 \quad \text{oder} \quad 1 \leq x \leq 2 \quad \text{oder} \quad x \geq 3$

g) Es existiert ein $\varepsilon > 0$, so daß für alle $n \in \mathbb{N}$ gilt:

$$|\frac{n}{n+1} - 1| \geq \varepsilon \ .$$

(Diese Aussage ist falsch, weil die ursprüngliche Aussage wahr ist.)
h) Es existiert eine gerade Zahl ≥ 4, die nicht als Summe zweier Primzahlen darstellbar ist.
(Bis heute ungeklärt.)
i) Es existiert ein x $(0 \leq x < 1)$ und ein $\varepsilon > 0$, so daß für alle natürlichen Zahlen n_0 eine Nummer $n \geq n_0$ existieren, so daß $x^n \geq \varepsilon$.
(Diese Aussage ist falsch, weil die ursprüngliche Aussage wahr ist.)
j) Es existiert ein $\varepsilon > 0$, so daß für alle natürlichen Zahlen n_0 eine Nummer $n \geq n_0$ und ein x mit $0 \leq x < 1$ existieren, so daß $x^n \geq \varepsilon$.
(Diese Aussage ist wahr:
Für $0 < \varepsilon < 1$, $n = n_0$, $x = \varepsilon^{1/n_0}$ ist $x^n = \varepsilon^{n_0/n_0} = \varepsilon \geq \varepsilon$.)
(Die Aussagen von i) und j) bedeuten nicht das Gleiche.)

2.5.2: a) Wenn X kein Europäer ist, so ist er auch kein Italiener.

b) Wenn jemand nach einer Radarmessung keine Punkte in Flensburg erhält, so ist er nicht mit stark überhöhter Geschwindigkeit gefahren.

c) $x \geq 1 \Rightarrow \ln x \geq 0$

2.5.3: a) Annahme: $\sqrt[n]{a} \geq \sqrt[n]{b}$

$$\Rightarrow \underbrace{(\sqrt[n]{b})^n}_{b} \leq \underbrace{(\sqrt[n]{a})^n}_{a} \Rightarrow \quad \text{Widerspruch zu } a < b$$

b) Annahme: $\frac{1}{\sqrt[2]{2}} \leq \frac{1}{\sqrt[3]{3}}$

$$\Rightarrow \sqrt[3]{3} \leq \sqrt[2]{2} \Rightarrow \underbrace{(\sqrt[3]{3})^6}_{3^2} \leq \underbrace{(\sqrt[2]{2})^6}_{2^3} \Rightarrow \quad \text{Widerspruch zu } 2 < 3$$

c) Annahme:

$$\left(\frac{a}{b}\right)^n \neq \frac{a^n}{b^n}$$

$$\Rightarrow \underbrace{\left(\frac{a}{b}\right)^n \cdot b^n}_{\left(\frac{a}{b} \cdot b\right)^n = a^n} \neq a^n \Rightarrow \quad \text{Widerspruch}$$

d) Annahme: $x + \frac{1}{x} < 2$

$$\Rightarrow x^2 + 1 < 2x \Rightarrow \underbrace{x^2 - 2x + 1}_{(x-1)^2} < 0 \Rightarrow \quad \text{Widerspruch zu } x \in \mathbf{R}$$

2.6:

2.6.1: a)

$$\frac{1}{2^2+1} + \frac{1}{3^2+1} + \frac{1}{4^2+1} + \cdots + \frac{1}{22^2+1} =$$

$$\frac{1}{5} + \frac{1}{10} + \frac{1}{17} + \cdots + \frac{1}{k^2+1} + \cdots + \frac{1}{485}$$

Man sieht: Wenn man die Nenner "ausrechnet", erkennt man die Gesetzmäßigkeit bei ihrer Bildung nicht mehr; deshalb ist hier der "allgemeine" Summand $\frac{1}{k^2+1}$ eingeschoben, für den k eben von 2 bis 22 "läuft".

b),c),e) $1^2 - 2^2 + 3^2 - + \ldots - 10^2$
d) $-1^2 + 2^2 - 3^2 + - \ldots + 10^2$

2.6.2: a)
$$\sum_{k=1}^{20} \frac{k}{2^k}$$

b)
$$\sum_{k=1}^{n}(2k-1) = \sum_{k=0}^{n-1}(2k+1) \quad \text{usw.}$$

c)
$$\sum_{k=1}^{n} \frac{1}{(2k-1)(2k+1)}$$

d)
$$\sum_{i=1}^{n-1}(-1)^{i+1} \cdot \frac{1}{i}$$

2.6.3: a)
$$\sum_{i=12}^{22} 2^{i-5} = 2^7 + 2^8 + \ldots + 2^{17} =$$

$$\sum_{k=7}^{17} 2^k = \sum_{m=0}^{10} 2^{m+7} = \sum_{n=40}^{50} 2^{n-33}$$

$i - 5 = k \qquad i = m + 12 \qquad n = i + 28$
$i = k + 5 \qquad m = i - 12 \qquad i = n - 28$

b)
$$\sum_{i=10}^{25} i^2 = \left(\sum_{i=1}^{25} i^2\right) - \left(\sum_{i=1}^{9} i^2\right) = \frac{25 \cdot 26 \cdot 51}{6} - \frac{9 \cdot 10 \cdot 19}{6} = 5240$$

c)
$$\sum_{i=2}^{101}(i+2) + \sum_{i=4}^{103}(i-3)^2 = \sum_{k=4}^{103} k + \sum_{k=1}^{100} k^2 =$$

$k = i + 2 \qquad k = i - 3$

$$\sum_{k=1}^{103} k - \sum_{k=1}^{3} k + \sum_{k=1}^{100} k^2 = \frac{1}{2} \cdot 103 \cdot 104 - \frac{1}{2} \cdot 3 \cdot 4 + \frac{1}{6} \cdot 100 \cdot 101 \cdot 201 = 343700$$

Man kann für i verschiedene Ausdrücke substituieren, weil i nur an das jeweilige (!) Summenzeichen gebunden ist!

2.6.4: a)
$$\underbrace{\int_2^3 x^2\, dx}_{} =$$
$$[\frac{x^3}{3}]_{x=2}^{x=3} = \frac{1}{3}(3^3 - 2^3) = \frac{19}{3}$$
$$= \int_2^3 y^2\, dy = \int_{-8}^{-7} (z+10)^2\, dz$$
$$(z+10 = x, \quad z = x - 10)$$

b)
$$\underbrace{\int_8^{20} (2x - 15)^5\, dx}_{} =$$
$$2x - 15 = z$$
$$x = \frac{1}{2}(z + 15)$$
$$dx = \frac{1}{2}\, dz$$
$$= \int_1^{25} z^5 \cdot \frac{1}{2}\, dz = \frac{1}{2}\left[\frac{z^6}{6}\right]_{z=1}^{z=25} = \frac{1}{12}(25^6 - 1^6) = 20345052$$

3.1:

3.1.1:
a),b),d) 2^{-6}
c) 2^6
e) -2^9
f) -2^{-9}
g) x^9
h) $x^7 + x^7 + x^6 = (2x + 1)x^6$
i) $a^{16} + a^{15} = (a+1)a^{15}$
j)
$$\frac{2^6 - (-2^6)}{-2^9 - 2^6} = -\frac{2 \cdot 2^6}{2^6(2^3 + 1)} = -\frac{2}{9}$$
k) $2^{-2m}(-2^{-1})x^{-2m+2m-1} = -2^{-2m-1} \cdot x^{-1}$
l) $-2^{-3}x^{+6} + 2^{+6}x^{+6} = (2^6 - 2^{-3})x^6 = 63.875 x^6$
m) $(-1)^4 \cdot 2^4 \cdot x^{4n} - (-1)^{4n} \cdot 2^{4n} \cdot x^{4n} = x^{4n}(16 - 16^n)$

3.1.2: a) $1.3 \cdot 10^{-7}$
b) $3.0 \cdot 10^{11}$
c) $2^{-8} = 3.90625 \cdot 10^{-3}$
d) $0.000\,000\,000\,000\,000\,000\,000\,013\,805$
e) $10 \cdot 10^{+14} \cdot 10^{-1} \cdot 10^{+18} = 10^{32}$
f) Erdvolumen: $V = \frac{4}{3}(6.37 \cdot 10^6 m)^3 \cdot \pi = 1.0827 \cdot 10^{21}\ m^3$
Erdmasse: $V \cdot 5.5\,g \cdot cm^{-3} = V \cdot 5.5 \cdot 10^{-3}\,kg \cdot 10^6\,m^{-3} = 5.955 \cdot 10^{24}\,kg \simeq 6 \cdot 10^{24}\,kg$
$2 \cdot 10^{30}\,kg\ :\ 6 \cdot 10^{24}\,kg \simeq 3.333 \cdot 10^5 = 333000$

3.1.3: a) $a^8 - 2a^4b^4 + b^8 - (a^8 + 2a^4b^4 + b^8) = -4a^4b^4$
b) $((a-b)^{-3} - (a+b)^{-3})(a-b)^3(a+b)^3 = (a+b)^3 - (a-b)^3 =$
$a^3 + 3a^2b + 3ab^2 + b^3 - (a^3 - 3a^2b + 3ab^2 - b^3) = 6a^2b + 2b^3 = 2b(3a^2 + b^2)$
c) $3x^2y^3 \cdot 25x^{-2}y^4 = 75x^0y^7 = 75y^7$
d) $2 \cdot x^{-7} + x^{-4} + 3 \cdot x^{-4} = 2 \cdot x^{-7} + 4 \cdot x^{-4}$
e)
$$\frac{x^2 - 2x + 1}{x^3} = (x-1)^2 x^{-3}$$
f) $(x-y)^2(x+y)^2(x-y)^3(x+y)^{-3} = (x-y)^5(x+y)^{-1}$
g)
$$\frac{2^4 x^8 y^{12}}{4^2 x^6 y^8} = x^2 y^4$$
h)
$$\frac{x^{2m}y^{2n}z^{2r+2}}{x^4 y^{4-2n} z^{2r-4}} = x^{2m-4} y^{4n-4} z^6$$
i)
$$\frac{x^{-1}}{2y} - \frac{2 \cdot 2}{5} + \frac{2 \cdot 2x}{3 \cdot 3} = \frac{1}{2xy} - \frac{4}{5} + \frac{4}{9}x$$
j)
$$\frac{1}{x^n y^n}(y^3 - 3xy^2 + 3x^2y - x^3) = \frac{(y-x)^3}{x^n y^n}$$
k)
$$\frac{(x^k - y^k)^2 + (x^k + y^k)^2}{(x^k + y^k)(x^k - y^k)} =$$
$$\frac{x^{2k} - 2x^k y^k + y^{2k} + x^{2k} + 2x^k y^k + y^{2k}}{x^{2k} - y^{2k}} = \frac{2(x^{2k} + y^{2k})}{x^{2k} - y^{2k}}$$
l)
$$\frac{x^{4m} + x^{2m}y^n - x^{2m}y^n - y^{2n} - (x^{2m} + x^m y^{2n} - x^m y^{2n} - y^{4n})}{(x^m - y^{2n})(x^{2m} - y^n)} =$$
$$\frac{x^{2m}(x^{2m} - 1) + y^{2n}(y^{2n} - 1)}{x^{3m} - x^m y^n - x^{2m} y^{2n} + y^{3n}}$$

3.1.4: a) $x \geq 0$
b) $(2-x)x \geq 0 \iff 0 \leq x \leq 2$
c) nur für $x = 1$, weil sonst $-(1-x)^2$ stets < 0.
d),g) $x \geq 0$
e),f), h),i) für alle $x \in \mathbf{R}$
j) $|1 - 3x|$ ist für alle $x \in \mathbf{R}$ definiert
k) $|x^2 - 1|$ ist für alle $x \in \mathbf{R}$ definiert
l) $(x^2 - 1)^2$ ist für alle $x \in \mathbf{R}$ definiert
m) $|12 + 2x|$ ist für alle $x \in \mathbf{R}$ definiert
n) $x^3 \sqrt{x}$
o) $x^2 |y| \sqrt{x}$
p) $|x-2| \cdot |x-2|^{6/12} = |x-2|\sqrt{|x-2|}$
q) $(2^4 \cdot 3 \cdot |x|^4 \cdot |x|^2 \cdot y^8 \cdot y)^{1/4} = 2|x| \cdot y^2 \cdot \sqrt[4]{3x^2 y}$ (y muß sowieso positiv sein!)
r) $(2^2 \cdot 3^3 \cdot |x|^6 \cdot |y|^3 |y|)^{1/3} = 3x^2 |y| \sqrt[3]{4|y|}$
s)
$$\frac{\sqrt[3]{a^3 + b^3}}{2x^2 y}$$

t) $x^4 |y|^2 |z| \sqrt[5]{xy^4 z^2}$ (x und z müssen das gleiche Vorzeichen haben!)
u) $(x^{3/4} \cdot |y|^{1/2} \cdot x^{-5/8} \cdot |y|^{-5/4})^6 = (x^{1/8} \cdot |y|^{-3/4})^6 =$
$$x^{6/8} \cdot |y|^{-18/4} = x^{3/4} \cdot |y|^{-9/2} = \frac{\sqrt[4]{x^3}}{\sqrt{|y|^9}}$$

(x muß sowieso positiv sein!)
v) $xy^2 \sqrt[n]{x^2 y^{-1}} = xy \sqrt[n]{x^2 y^{n-1}}$

3.1.5: a)
$$\frac{x \sqrt[3]{x^2}}{\sqrt[3]{x} \cdot \sqrt[3]{x^2}} = \sqrt[3]{x^2}$$

b)
$$\frac{\sqrt[3]{x^2} \cdot \sqrt[6]{x}}{\sqrt[6]{x^5} \cdot \sqrt[6]{x}} = \frac{1}{x} \cdot \sqrt[6]{x^4} \cdot \sqrt[6]{x} = \frac{1}{x} \cdot \sqrt[6]{x^5}$$

c)
$$\frac{x \cdot \sqrt{x-y}}{\sqrt{x-y} \cdot \sqrt{x-y}} = \frac{x}{x-y} \cdot \sqrt{x-y}$$

d)
$$\frac{x(\sqrt{x} + \sqrt{y})}{(\sqrt{x} - \sqrt{y})(\sqrt{x} + \sqrt{y})} = \frac{x}{x-y} \cdot (\sqrt{x} + \sqrt{y})$$

(Beachten Sie, daß $\sqrt{a} \pm \sqrt{b}$ im allgemeinen $\neq \sqrt{a \pm b}$ ist!)

e)
$$\frac{x(1-\sqrt{x})(2+\sqrt{x})}{(1-x)(4-x)} = \frac{x}{4-5x+x^2}(2-x-\sqrt{x})$$

f)
$$\frac{(a+b)((\sqrt[3]{a})^2 - \sqrt[3]{a}\cdot\sqrt[3]{b}+(\sqrt[3]{b})^2)}{(\sqrt[3]{a}+\sqrt[3]{b})((\sqrt[3]{a})^2 - \sqrt[3]{a}\cdot\sqrt[3]{b}+(\sqrt[3]{b})^2)} =$$
$$\sqrt[3]{a^2} - \sqrt[3]{ab} + \sqrt[3]{b^2}$$
(wegen $(x+y)(x^2-xy+y^2) = x^3+y^3$)

g) $(x^{1/2}y^{-1}x^{2/4}y^{1/4})^{1/3} \cdot x^{2/6}y^{-3/6} = x^{2/3}y^{-3/4} =$
$$\frac{\sqrt[3]{x^2} \cdot \sqrt[4]{y}}{\sqrt[4]{y^3} \cdot \sqrt[4]{y}} = \frac{1}{y}\sqrt[3]{x^2}\sqrt[4]{y}$$

h) $(x^3 \cdot (2y)^{6/4} \cdot 2^{4/2})^{1/4} : (x^5 y^{-1/3})^{1/8}$
$= x^{3/4} \cdot 2^{3/8} \cdot y^{3/8} \cdot 2^{1/2} \cdot x^{-5/8} \cdot y^{1/24} = 2^{7/8} \cdot x^{1/8} \cdot y^{5/12} = \sqrt[8]{2^7 x} \cdot \sqrt[12]{y^5}$

3.2:

3.2.1: a),d) Die Graphen von $y = e^x$ und $y = e^{2x}$ gehen durch $(0;1)$, daher die zu $y = 0.5e^x$ und $y = 0.5e^{2x}$ durch $(0;0.5)$.
b) und c) sind wegen $2.5^{-x} = (10/4)^{-x} = (4/10)^x = 0.4^x$ identisch.

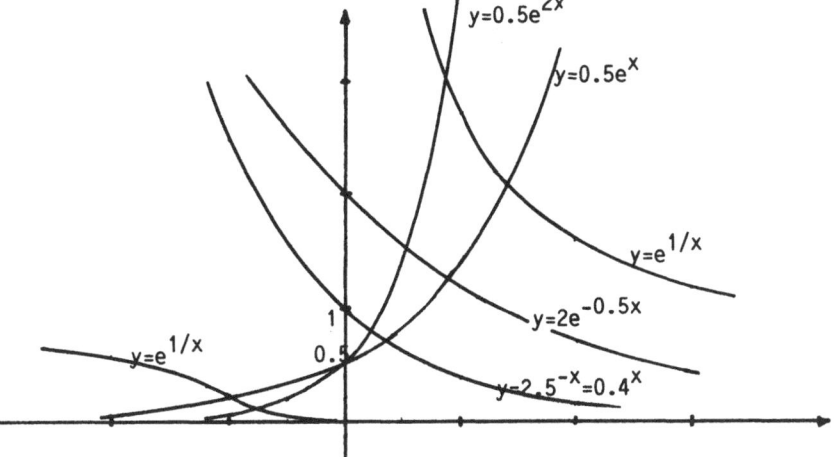

3.2.2: a) $e^{3.75 \cdot \ln 4}$
b) $e^{6 \cdot \ln 10}$
c) $ae^{x \cdot \ln q}$
d) $e^{x \cdot \ln x}$
e) $e^{\sqrt{x} \cdot \ln \sqrt{x}} = e^{0.5\sqrt{x} \ln x}$

3.2.3: a) $5^x = 5^3 \iff x = 3$
b) $5^x = 5^0 \iff x = 0$
c) $5^x = 10 \iff e^{x \ln 5} = e^{\ln 10} \iff x = \frac{\ln 10}{\ln 5} \simeq 1.431$
d) $(2^2)^{3x-5} = 2^5 \iff 6x - 10 = 5 \iff x = 2.5$
e) $a^{7+3x+6} = a^{x^2-x+1} \iff 3x + 13 = x^2 - x + 1 \iff x^2 - 4x - 12 = 0$
$\iff x_{1/2} = \frac{1}{2}(4 \pm \sqrt{16+48}) = \begin{cases} 6 \\ -2 \end{cases}$
f) $e^{x \ln 10} = e^{10 \cdot \ln 2.5} \iff x = \frac{10 \cdot \ln 2.5}{\ln 10} \simeq 3.979$
g) $e^{2x \ln 0.4} = e^{(x+5)\ln(2/3)} \iff 2x \ln 0.4 = (x+5)\ln(2/3)$
$\iff x = \frac{5\ln(2/3)}{2\ln 0.4 - \ln(2/3)} \simeq 1.421$
h) $25 \cdot 3^{2x} \cdot 3^{-2} = 25^x \iff (9/25)^x = 9/25 \iff x = 1$
i) $2^{2x-1} + 2^{2x+1} = 3^{3x+1} + 3^{3x-1} \iff 2^{2x}(2^{-1} + 2^1) = 3^{3x}(3^1 + 3^{-1}) \iff$

$$\left(\frac{2^2}{3^3}\right)^x = \frac{10 \cdot 2}{3 \cdot 5} \iff e^{x \ln(4/27)} = e^{\ln(4/3)}$$

$$\iff x = \frac{\ln(4/3)}{\ln(4/27)} \simeq -0.151$$

j) $2^{2x-2} + 2.5 \cdot 2^x - 2.75 = 0$
$u = 2^x: \quad u^2 \cdot 2^{-2} + 2.5u - 2.75 = 0 \iff u^2 + 10u - 11 = 0$
$\iff u_{1/2} = \frac{1}{2}(-10 \pm \sqrt{100+44}) = \begin{cases} 1 \\ -11 \end{cases}.$
$2^x = -11$ hat keine Lösung, da $2^x > 0$.
$2^x = 1 \iff x = 0$

k) $u = 2^x: \quad u^2 \cdot 2^{-1} + 5u + 4.5 = 0 \iff u^2 + 10u + 9 = 0$
$\iff u_{1/2} = \frac{1}{2}(-10 \pm \sqrt{100-36}) = \begin{cases} -1 \\ -9 \end{cases}.$
Da 2^x nicht negativ sein kann, gibt es keine Lösung.

l)
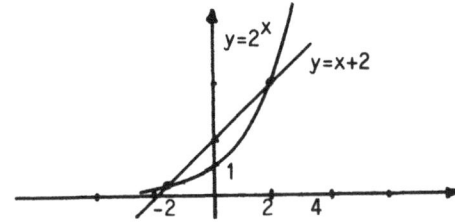

$x_1 = 2$ und $x_2 \simeq -1.7$ sind die x–Koordinaten der Schnittpunkte der Kurven $y_1 = 2^x$ und $y_2 = x + 2$. Eine direkte rechnerische Lösung ist hier nicht möglich!

3.2.4: a) Aus $N(0) \cdot e^{-\gamma \cdot 10} = 2513$ und $N(0) \cdot e^{-\gamma \cdot 20} = 2497$ folgt durch Division ($N(0) \neq 0$):
$$e^{10 \cdot \gamma} = \frac{2513}{2497} \iff \gamma \simeq 0.00064$$

$N(0) \cdot e^{-\gamma \cdot 10} = N(0) \cdot e^{-0.0064} = 2513 \Rightarrow N(0) \simeq 2529$
$T = \frac{\ln 2}{\gamma} = 1083$

$$\frac{1}{10} = \frac{N(0)e^{-\gamma(t+z)}}{N(0)e^{-\gamma \cdot t}} = e^{-\gamma \cdot z} \Rightarrow -\gamma \cdot z = -\ln 10 \Rightarrow z = 3598$$

b)
$$\frac{N(0)e^{k(t+2.7)}}{N(0)e^{k \cdot t}} = 2 \Rightarrow e^{k \cdot 2.7} = 2 \Rightarrow k \cdot 2.7 = \ln 2 \Rightarrow k = 0.257$$

$N(0)e^{k \cdot 10} = N(10) \Rightarrow N(0) = 4.5 \cdot 10^8 \cdot e^{-0.257 \cdot 10} \simeq 3.5 \cdot 10^7$

c) $2 \cdot 7^k = c$, $4 \cdot 4^k = c \Rightarrow 2 \cdot 7^k = 4 \cdot 4^k$. Dies ist

$$\iff \left(\frac{7}{4}\right)^k = 2 \iff e^{k \cdot (7/4)} = e^{\ln 2} \iff k = \frac{\ln 2}{\ln(7/4)} \simeq 1.24$$

$\Rightarrow \quad c = 22.27$.

3.3:

3.3.1: a) $D = W = \mathbf{R}$. $x_1 \neq x_2 \Rightarrow 2 \cdot x_1 - 2 \neq 2 \cdot x_2 - 2$.
Umkehrfunktion: $y \longmapsto x = \frac{1}{2}(y+2) = 0.5y + 1$

b) $D = [-1; \infty[$, $W = \mathbf{R}_0^+$.
$x_1 \neq x_2 \Rightarrow \sqrt{x_1 + 1} \neq \sqrt{x_2 + 1}$.
Umkehrfunktion: $y \longmapsto x = y^2 - 1$

c) $D =]-\infty; 1]$, $W = [2; \infty[$
Umkehrfunktion: $y \longmapsto 1 - (y-2)^2$

d) $D = \{x \in \mathbf{R} | x \neq 0\} = W$. $x_1 \neq x_2 \Rightarrow 1/x_1 \neq 1/x_2$.
Umkehrfunktion: $y \longmapsto x = \frac{1}{y}$

e) $D = \{x \in \mathbf{R} |\ x \neq -3\}$.
$x \longmapsto y = \dfrac{x-2}{x+3}$ ist auf D eindeutig umkehrbar, da die Auflösung nach x eindeutig möglich ist:

$$y = \frac{x-2}{x+3} \iff y \cdot x + 3y = x - 2 \iff x(y-1) = -3y - 2$$

$$\iff x = \frac{-3y-2}{y-1} = \frac{3y+2}{1-y}.$$

Da diese Funktionsgleichung für $y \neq 1$ erfüllt ist, gibt es zu jedem $y \neq 1$ ein x mit $y = \dfrac{x-2}{x+3}$, d. h.,

$$W = \{y \in \mathbf{R} |\ y \neq 1\}.$$

Bei der Umkehrfunktion

$$y \longmapsto x = \frac{3y+3}{1-y}$$

sind die Rollen von Definitions- und Wertemenge vertauscht.

f) $D = \mathbf{R}$, $W = \mathbf{R}_0^+$. Die Funktion ist auf D nicht umkehrbar, weil z. B. $f(-2) = (-2+1)^2 = (0+1)^2 = f(0)$. Die Auflösung nach x ist nicht eindeutig: $x = -1 \pm \sqrt{y}$.

g) $D = \mathbf{R}$, $W = [1;\ \infty[$. Die Funktion ist auf D nicht umkehrbar, weil z. B. $f(-1) = \sqrt{2} = f(+1)$. Die Auflösung nach x ist nicht eindeutig: $x = \pm\sqrt{y^2 - 1}$.

h) $D = \mathbf{R}$. Die Funktionsgleichung ist eindeutig nach x auflösbar: Zunächst ist zwar

$$2y = e^x - \frac{1}{e^x} \iff 2y \cdot e^x = (e^x)^2 - 1 \iff (e^x)^2 - 2y(e^x) - 1 = 0$$

$$\iff e^x = \frac{1}{2}(2y \pm \sqrt{4y^2 + 4}) = y \pm \sqrt{y^2 + 1}.$$

Jedoch führen nicht beide Vorzeichen zu einer Lösung e^x : Das untere Vorzeichen liefert keine Lösung, weil e^x stets > 0 ist!
Daher ist eindeutig $x = \ln(y + \sqrt{y^2 + 1})$.
Die Umkehrfunktion $y \longmapsto x = \ln(y + \sqrt{y^2 + 1})$ hat wegen $y + \sqrt{y^2 + 1} > 0$ die Definitionsmenge $\mathbf{R}$. Dies ist gleichzeitig die Wertemenge der ursprünglichen Funktion.

3.3.2: f) Für $D_1 = [-1;\ \infty[$ ist die Umkehrfunktion $y \longmapsto x = -1 + \sqrt{y}$.
Für $D_2 =]-\infty;\ -1]$ ist die Umkehrfunktion $y \longmapsto x = -1 - \sqrt{y}$.

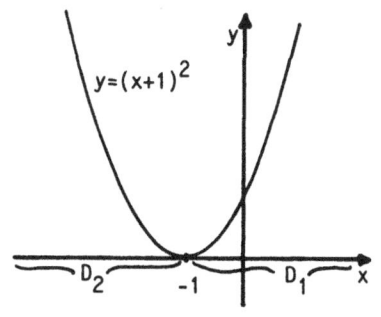
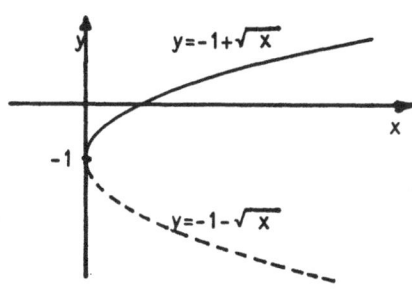
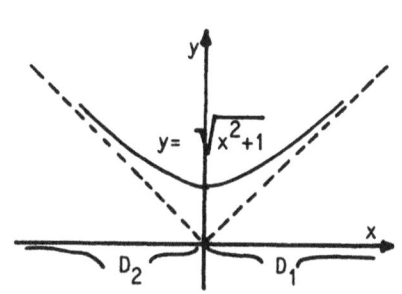
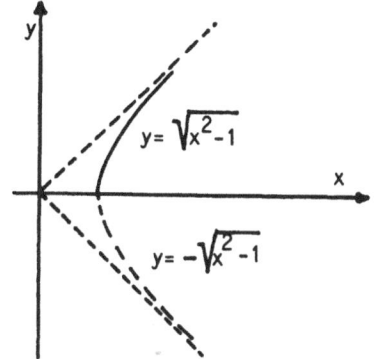

g) Für $D_1 = \mathbf{R}_0^+$ ist die Umkehrfunktion $y \longmapsto x = \sqrt{y^2 - 1}$, für $D_2 = \,]-\infty;\,0]$ ist die Umkehrfunktion $y \longmapsto x = -\sqrt{y^2 - 1}$.

3.4:

3.4.1: a) Wegen $1 + x > 0$ ist $D = \,]-1;\,\infty[$. Die Funktionsgleichung ist eindeutig nach x auflösbar:
$$\Longleftrightarrow e^y = 1 + x \Longleftrightarrow x = e^y - 1.$$
Umkehrfunktion ist daher $y \longmapsto x = e^y - 1$.
Da sie für jedes $y \in \mathbf{R}$ definiert ist, ist $\mathbf{R}$ die Wertemenge der gegebenen Funktion.

b) Wegen $1-x>0$ ist $D = \,]-\infty;\,1[$. Die Funktionsgleichung ist eindeutig nach x auflösbar:
$$\iff e^y = 1-x \iff x = 1-e^y\,.$$
Die Umkehrfunktion $y \longmapsto x = 1-e^y$ ist für alle $x \in \mathbf{R}$ definiert; $\mathbf{R}$ ist daher die Wertemenge der gegebenen Funktion.

c) $x_1 = 0.1$, $x_2 = 5.9$.

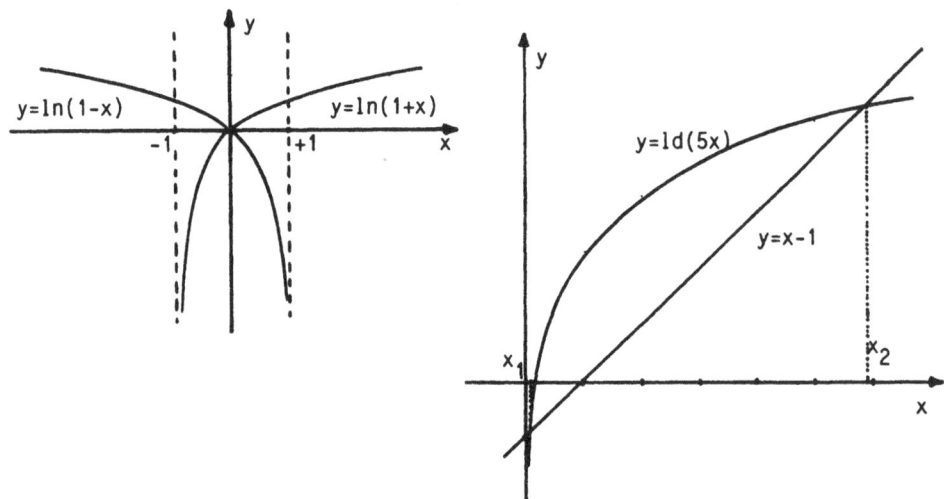

3.4.2: a) $\lg \frac{15 \cdot 2}{3} = \lg 10 = 1$

b) $(\lg 2.5) - 8 \simeq -7.602$

c) $\log_{\sqrt{2}}(\sqrt{2})^2 = 2\log_{\sqrt{2}}\sqrt{2} = 2$

d) $\mathrm{ld}\,(2^7 \cdot 2^{2/4}) = 7.5$

e) $\log_a a^{-1/n} = -1/n$

f) $\lg 1 = 0$, $\lg 4 = 2\cdot\lg 2 = 0.602$, $\lg 5 = \lg(10/2) = \lg 10 - \lg 2 = 1 - 0.301 = 0.699$, $\lg 6 = \lg 3 + \lg 2 = 0.778$, $\lg 8 = 3\cdot\lg 2 = 0.903$, $\lg 9 = 2\cdot\lg 3 = 0.954$, $\lg 10 = 1$

g) $\ln 1 = 0$, $\ln 2 = (\lg 2)\cdot(\ln 10) = 0.693$, $\ln 3 = (\lg 3)\cdot(\ln 10) = 1.099$, $\ln 4 = (\lg 4)\cdot(\ln 10) = 1.386 = 2\cdot\ln 2$

h) $\mathrm{lb}\,2^{-5} + \frac{1}{2}(3\,\mathrm{lb}\,274.6 + \frac{2}{3}\mathrm{lb}\,0.0342 - \mathrm{lb}\,15730) =$

$$-5 + \frac{3}{2}\frac{\ln 274.6}{\ln 2} + \frac{1}{3}\frac{\ln 0.0342}{\ln 2} - \frac{1}{2}\frac{\ln 15730}{\ln 2} = -1.4421$$

i)
$$\frac{2^3 \cdot 3^4}{5^2} = 25.92$$

j) $4\ln a + \frac{1}{2}\ln b - \frac{1}{3}\ln c$

3.4.3: a) $10^{\lg(x-1)} = 10^2 \iff x - 1 = 10^2 \iff x = 101$

b) $\ln((x+1)(x-2)) = \ln 4 \iff x^2 - x - 2 = 4 \iff x^2 - x - 6 = 0 \iff (x-3)(x+2) = 0$. $x = -2$ liegt nicht in der Definitionsmenge; nur $x = 3$ ist Lösung.

c) $e^{x \cdot \ln(\ln x)} = e^0 \iff x \cdot \ln(\ln x) = 0 \iff x = 0$ oder $\ln(\ln x) = 0$. $x = 0$ liegt nicht in der Definitionsmenge; $\ln(\ln x) = 0 \iff \ln x = 1 \iff x = e$.

d) $10^{\lg x \cdot \lg x} = 10^9 \iff (\lg x)^2 = 9 \iff \lg x = \pm 3 \iff x = 10^{\pm 3}$.
1000 und 0.001 sind Lösungen.

e) $\ln(x^{1/2} \cdot x^2) = -5 \iff x^{5/2} = e^{(5/2)\ln x} = e^{-5} \iff (5/2)\ln x = -5 \iff \ln x = -2 \iff x = e^{-2} \simeq 0.135$

f) $x \cdot \ln 2 + 2x \cdot \ln 5 = (2x+1) \cdot \ln 10 \iff x(\ln 2 + 2\ln 5 - 2\ln 10) = \ln 10 \iff$

$$x = \frac{\ln 10}{\ln 2 + 2\ln 5 - (2\ln 2 + 2\ln 5)} = -\frac{\ln 10}{\ln 2} \simeq -3.322$$

3.4.4: a) Mit $s_l = 0.375 cm$, $s_I = 4.7 cm$ folgt aus $m = -2$ zunächst

$$-2 = \frac{4.7\,cm}{0.375\,cm} \cdot \lg a \iff a \approx 0.6925.$$

Andrerseits ist $a = e^{-sec/RC} \iff -sec/RC = \ln a \iff RC = -\frac{sec}{\ln a}$. Somit: $RC \approx 2.72\,sec$.

b)
$$\kappa = -m = -\left(\frac{-10.2\,cm}{8.3\,cm}\right) \simeq 1.23$$

c) $y = 2x$ auf doppelt-log. Papier
$y = 3 \cdot 2^{-x}$ auf einfach-log. Papier
$y = x^2 + 1$ liefert in keinem der beiden Fälle eine Gerade
$y = (2 \cdot 3^2)^x$ auf einfach-log. Papier
$E = \text{const.} \cdot v^2$ auf doppelt-log. Papier

d) gleiche Steigung

e) Es sind Geraden durch den Punkt (1;1).

4.1:

4.1.1: a) $3.000 \; rad$
b) $0.667 \; rad$
c) $15°$
d) $143.24°$
e) $\cos \frac{10}{3}\pi = \cos(-\frac{2}{3}\pi) = \cos \frac{2}{3}\pi = -\cos(\pi - \frac{2}{3}\pi) = -\cos \frac{\pi}{3} = -\frac{1}{2}$
$\sin \frac{10}{3}\pi = \sin(-\frac{2}{3}\pi) = -\sin \frac{2}{3}\pi = -\sin \frac{\pi}{3} = -\frac{1}{2}\sqrt{3}$
$\tan \frac{10}{3}\pi = \tan \frac{\pi}{3} = \sqrt{3}$
$\cot \frac{10}{3}\pi = \cot \frac{\pi}{3} = \frac{1}{3}\sqrt{3}$

f) $\cos(-\frac{21}{4}\pi) = \cos(-\frac{21}{4}\pi + 6\pi) = \cos \frac{3}{4}\pi = -\cos(\pi - \frac{3}{4}\pi) = -\cos \frac{\pi}{4} = -\frac{1}{2}\sqrt{2}$
$\sin(-\frac{21}{4}\pi) = \sin \frac{3}{4}\pi = \sin \frac{\pi}{4} = \frac{1}{2}\sqrt{2}$
$\tan(-\frac{21}{4}\pi) = \tan(-\frac{21}{4}\pi + 5\pi) = \tan(-\frac{\pi}{4}) = -\tan \frac{\pi}{4} = -1$
$\cot(-\frac{21}{4}\pi) = 1/\tan(-\frac{21}{4}\pi) = -1$

g) $\cos(-3.02) = -\cos(-3.02 + \pi) \simeq -0.993$
$\sin(-3.02) = -\sin(-3.02 + \pi) \simeq -0.121$
$\tan(-3.02) = \tan(-3.02 + \pi) \simeq 0.122$
$\cot(-3.02) = \cot(-3.02 + \pi) \simeq 8.184$

h) $\cos 50 = \cos(50 - 16\pi) \simeq 0.965$
$\sin 50 = \sin(50 - 16\pi) \simeq -0.262$
$\tan 50 = \tan(50 - 16\pi) \simeq -0.272$
$\cot 50 = \cot(50 - 16\pi) \simeq -3.678$
Den Winkelwert 50 kann ihr Taschenrechner eventuell nicht direkt verarbeiten!

i) Wegen $\text{Arc}(240° - 360°) = -\frac{2}{3}\pi$ erhält man dieselben Ergebnisse wie in e).

j) $\cos(-2000°) = \cos(-2000° + 6 \cdot 360°) = \cos 160° = -\cos 20° = -0.940$
$\sin(-2000°) = \sin 160° = \sin 20° = 0.342$
$\tan(-2000°) = \tan 160° = -\tan 20° = -0.364$
$\cot(-2000°) = \cot 160° = -\cot 20° = -2.747$

k) $-\pi < \omega x \leq \pi \iff -\frac{\pi}{\omega} < x \leq +\frac{\pi}{\omega}$.
Wertemenge: $\{y| \; |y| \leq 0.5 \}$

4.1.2:
a) $\frac{\pi}{3}, \frac{5}{3}\pi$
b) $\frac{5}{4}\pi, \frac{7}{4}\pi$
c) $\frac{3}{4}\pi, \frac{7}{4}\pi$
d) $\frac{\pi}{4}, \frac{5}{4}\pi$
e) $\iff \sin x = \pm \frac{1}{2}$. Die Lösungen sind $\frac{\pi}{6}, \frac{5}{6}\pi, \frac{7}{6}\pi, \frac{11}{6}\pi$.

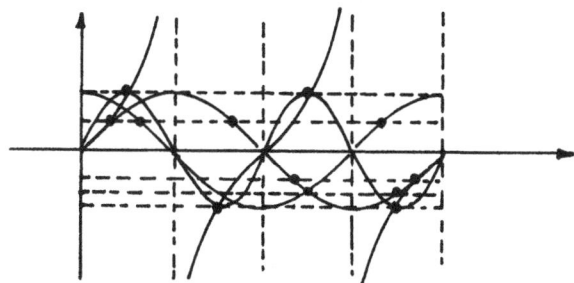

f) $\cos(\frac{\pi}{2} - x) = \sin x$,
$\sin(\frac{\pi}{2} - x) = \cos x$,
$\tan(\frac{\pi}{2} - x) = \cot x$,
$\cot(\frac{\pi}{2} - x) = \tan x$,
(*Komplementärbeziehungen*)

g),h)

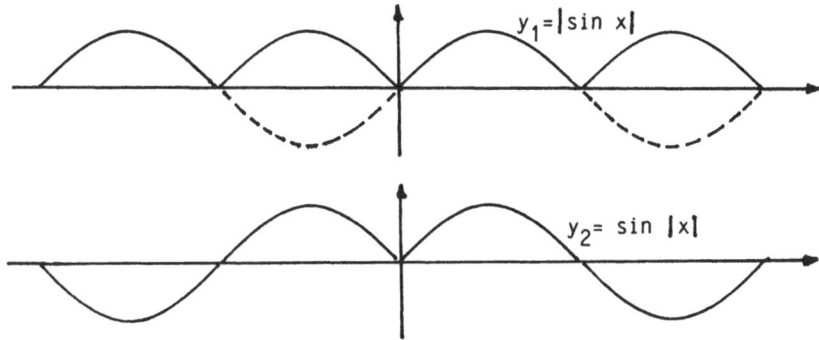

4.1.3: a) $\cot x = -\sqrt{3} \iff \tan x = -\frac{1}{3}\sqrt{3}$.
Lösung dieser Gleichung im Grundintervall $]-\frac{\pi}{2}; +\frac{\pi}{2}[$ ist
$x_0 = \text{Arctan}\,(-\frac{1}{3}\sqrt{3}) = -\frac{\pi}{6}$.
Wegen der Periodizität ist die Lösungsmenge $L = \{x = -\frac{\pi}{6} + k\pi|\ \ k \in \mathbf{Z}\}$.

b) Der spitze Winkel $\hat{x}$ mit $\sin \hat{x} = 0.2$ ist $\hat{x} = \text{Arcsin}\,0.2 \simeq 0.201$. Daneben ist (im II. Quadranten) auch noch $\pi - \text{Arcsin}\,0.2 \simeq 2.940$ Lösung in $[-\pi; +\pi]$.

Wegen der Periodizität ist die Lösungsmenge
$L = \{x = 0.201 + 2k\pi \text{ oder } x = 2.940 + 2k\pi | \ k \in \mathbf{Z}\}$.

c) Lösungen von $\cos x = -1$ im Grundintervall $[-\pi; +\pi]$ sind $x = \pm\pi$. Wegen der Periodizität ist $L = \{x = (2k+1)\pi | k \in \mathbf{Z}\}$.

d) $z = 2x:$ $\sin z = -1 \iff z = -\frac{\pi}{2} + 2k\pi \ (k \in \mathbf{Z})$.
$L = \{x = -\frac{\pi}{4} + k\pi | k \in \mathbf{Z}\}$.

e) $z = 3x - \frac{\pi}{3}:$ Lösungen von $\cos z = -0.4$ im Grundintervall $[-\pi; +\pi]$ sind (im II. und III. Quadranten)
$z_1 = \text{Arccos}(-0.4) \simeq 1.982$ und $z_2 = (\text{Arccos } 0.4) + \pi \simeq 4.301$.
Lösungsmenge ist daher $\{z = z_{1/2} + 2k\pi | k \in \mathbf{Z}\}$ bzw. nach Rückgängigmachen der Substitution $x = \frac{1}{3}(z + \frac{\pi}{3})$
$L = \{x = \frac{1}{3}(z_{1/2} + \frac{\pi}{3}) + \frac{2}{3}k\pi | \ k \in \mathbf{Z}\}$.

f) $z = \frac{x-1}{2}:$ $\sin z = 0.8$ hat im Grundintervall $[-\pi; +\pi]$ (im I. und II. Quadranten) die Lösungen $z_1 = \text{Arcsin } 0.8 \simeq 0.927$ und $z_2 = \pi - \text{Arcsin } 0.8 \simeq 2.214$. Die Lösungsmenge ist somit
$\{z = z_{1/2} + 2k\pi | k \in \mathbf{Z}\}$ und mit $x = 2z + 1$ daher
$\{x = 2(z_{1/2} + 2k\pi) + 1 | \ k \in \mathbf{Z}\}$.

g) Die Substitution $z = \frac{x}{3} + \frac{\pi}{3}$ führt zu $\sin z = -0.5$. $\hat{z} = \frac{\pi}{6}$ ist der spitze Winkel mit $\sin \hat{z} = +0.5$. Die Lösungen von $\sin z = -0.5$ im III. und IV. Quadranten sind daher $\pi + \hat{z} = \frac{7}{6}\pi$ bzw. $-\hat{z} = -\frac{\pi}{6}$.
Die Lösungen von $\sin z = -0.5$ im Intervall $[-\pi; +\pi]$ sind somit $-\frac{5}{6}\pi$ und $-\frac{\pi}{6}$.
Die Lösungsmenge ist daher
$\{z = -\frac{5}{6}\pi + 2k\pi \text{ oder } z = -\frac{\pi}{6} + 2k\pi | k \in \mathbf{Z}\}$ und mit $x = 3z - \pi$
$L = \{x = 3(-\frac{5}{6} + 2k)\pi - \pi \text{ oder } z = 3(-\frac{1}{6} + 2k)\pi - \pi | \ k \in \mathbf{Z}\} =$
$\{x = (-\frac{7}{2} + 6k)\pi \text{ oder } x = (-\frac{3}{2} + 6k)\pi | \ k \in \mathbf{Z}\}$.

h) Nur $x = \frac{5}{2}\pi$.

i) $]\frac{\pi}{6}; \frac{5}{6}\pi[$

j) $[-\frac{\pi}{6}; +\frac{\pi}{6}]$

k) $\{x | \frac{\pi}{4} < |x| < \frac{3}{4}\pi\} =]-\frac{3}{4}\pi; -\frac{\pi}{4}[\ \cup \ ]\frac{\pi}{4}; \frac{3}{4}\pi[$

l) Nach Pythagoras gilt $r^2 = u^2 + v^2 \implies r = \sqrt{u^2 + v^2}$.
Aus $\cos z = \frac{u}{r}$ folgt
$z = \text{Arccos } \frac{u}{r}$, wenn $P(u; v)$ im I. oder II. Quadranten liegt
($0 \leq z \leq \pi$) bzw.
$z = -\text{Arccos } \frac{v}{r}$, wenn $P(u; v)$ im IV. oder III. Quadranten liegt
($-\pi \leq z \leq 0$).

Aus $\sin z = \frac{v}{r}$ folgt in einer etwas umständlicheren Fallunterscheidung

$z = \text{Arcsin } \frac{v}{r}$, wenn $P(u;v)$ im I. oder IV. Quadranten liegt ($-\frac{\pi}{2} \le z \le \frac{\pi}{2}$) bzw.

$z = \pi - \text{Arcsin } \frac{v}{r}$, wenn $P(u;v)$ im II. Quadranten liegt ($\frac{\pi}{2} \le z \le \pi$) bzw.

$z = -\pi - \text{Arcsin } \frac{v}{r}$, wenn $P(u;v)$ im III. Quadranten liegt ($-\frac{\pi}{2} \le z \le 0$).

4.2:

4.2.1: Den Graphen entnimmt man
 a) $[-2\pi; -\pi] \cup [0; \pi]$
 b) $[-\pi; 0] \cup [\pi; 2\pi]$
 c) $[-2\pi; -\frac{3}{2}\pi] \cup [-\frac{\pi}{2}; +\frac{\pi}{2}] \cup [\frac{3}{2}\pi; 2\pi]$
 d) $[-\frac{3}{2}\pi; -\frac{\pi}{2};] \cup [\frac{\pi}{2}; \frac{3}{2}\pi]$

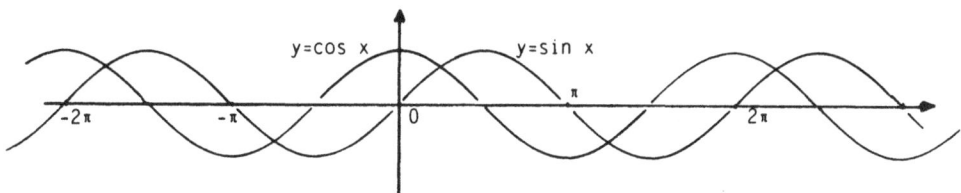

e) $\cos x = -\sqrt{1 - 0.8^2} = -0.6$

f) $\sin x = -\sqrt{1 - (7/25)^2} = -24/25$

g)
$$\cos x = -\sqrt{1 - (\frac{2t}{1+t^2})^2} =$$
$$-\frac{1}{1+t^2}\sqrt{1 + 2t^2 + t^4 - 4t^2} = -\frac{|1-t^2|}{1+t^2}$$

h)
$$1 + \tan^2 x = 1 + (\frac{\sin x}{\cos x})^2 = \frac{\cos^2 x + \sin^2 x}{\cos^2 x} = \frac{1}{\cos^2 x}$$

i)
$$1 + \cot^2 x = 1 + (\frac{\cos x}{\sin x})^2 = \frac{\sin^2 x + \cos^2 x}{\sin^2 x} = \frac{1}{\sin^2 x}$$

j)
$$\tan x = \frac{\sin x}{\pm\sqrt{1-\sin^2 x}} \quad \text{je nachdem} \quad \begin{cases} |x| < \frac{\pi}{2} \\ \frac{\pi}{2} < |x| \le \pi \end{cases}$$

k)
$$\tan x = \frac{\pm\sqrt{1-\cos^2 x}}{\cos x} \quad \text{je nachdem} \quad \begin{cases} 0 \le x \le \pi \\ -\pi \le x \le 0 \end{cases}$$

l)
$$\tan^2 x(1-\sin^2 x) = \sin^2 x \iff \tan^2 x = \sin^2 x(1+\tan^2 x) \iff$$
$$\sin x = \frac{\pm\tan x}{\sqrt{1+\tan^2 x}} \quad \text{je nachdem} \quad \begin{cases} |x| < \frac{\pi}{2} \\ \frac{\pi}{2} < |x| \le \pi \end{cases}$$

m)
$$\tan^2 x \cdot \cos^2 x = 1 - \cos^2 x \iff$$
$$\cos x = \frac{1}{\pm\sqrt{1+\tan^2 x}} \quad \text{je nachdem} \quad \begin{cases} |x| < \frac{\pi}{2} \\ \frac{\pi}{2} < |x| \le \pi \end{cases}$$

4.2.2: a) $\iff \frac{\sin x}{\cos x} = -\sin x$
(I) $\sin x \ne 0$: $\iff \frac{1}{\cos x} = -1 \iff \cos x = -1$
$\iff L_I = \{x = (2k+1)\pi \mid k \in \mathbf{Z}\}$
(II) $\sin x = 0$: $L_{II} = \{x = k \cdot \pi \mid k \in \mathbf{Z}\}$
$L = \{x = k \cdot \pi \mid k \in \mathbf{Z}\}$

b) $\sin x = \frac{\cos x}{\sin x} \iff \sin^2 x = \cos x \iff 1 - \cos^2 x = \cos x$
$\iff \cos^2 x + \cos x - 1 = 0 \iff \cos x = \frac{1}{2}(-1 \pm \sqrt{1+4}) \simeq \begin{cases} 0.618 \\ [-1.618] \end{cases}$
(Der zweite Wert kommt wegen $|\cos x| \le 1$ nicht in Frage!)
$L = \{x = \pm 0.905 + 2k\pi \mid k \in \mathbf{Z}\}$.

c) $3\cos x = \frac{\sin x}{\cos x} \iff 3(1-\sin^2 x) = \sin x \iff \sin^2 x + \frac{1}{3}\sin x - 1 = 0$
$\iff \sin x = \frac{1}{2}(-\frac{1}{3} \pm \sqrt{\frac{1}{9}+4}) \simeq \begin{cases} 0.847 \\ [-1.180] \end{cases}$
Lösungen in $[0; 2\pi]$ sind $x_1 = 1.011$ bzw. $x_2 = \pi - x_1 = 2.131$;
$L = \{x = x_{1/2} + 2k\pi \mid k \in \mathbf{Z}\}$.

d) $2\sin x \cos x = \cos x$
(I) $\cos x \ne 0$: $\iff \sin x = \frac{1}{2}$;
Lösungen in $[0; 2\pi]$ sind $x_1 = \frac{\pi}{6}$ oder $x_2 = \frac{5}{6}\pi$.
$L_I = \{x = x_{1/2} + 2k\pi \mid k \in \mathbf{Z}\}$.
(II) $\cos x = 0$: $L_{II} = \{x = (2k+1)\frac{\pi}{2} \mid k \in \mathbf{Z}\}$.
$L = L_I \cup L_{II}$.

e) $\iff 3\cos^2 x = (2\cos x \sin x)^2$.
(I) $\cos x = 0$: $L_I = \{x = (2k+1)\frac{\pi}{2} \mid k \in \mathbf{Z}\}$

(II) $\cos x \neq 0$: $3 = 4\sin^2 x \iff \sin x = \pm\frac{1}{2}\sqrt{3}$;
    Lösungen in $[0; 2\pi]$ sind $x_1 = \frac{\pi}{3}$, $x_2 = \frac{2}{3}\pi$, $x_3 = \frac{4}{3}\pi$, $x_4 = \frac{5}{3}\pi$.
$L_{II} = \{x = x_i + 2k\pi |\, i = 1, 2, 3, 4;\ k \in \mathbf{Z}\} = \{x = x_{1/2} + k\pi |\, k \in \mathbf{Z}\}$.
$L = L_I \cup L_{II}$.

f) $\iff \sin^2 x + (\sin^2 x - 1) = \cot 2x \iff \sin^2 x - \cos^2 x = \cot 2x$
$\iff -\cos 2x = \dfrac{\cos 2x}{\sin 2x}$.
(I) $\cos 2x = 0$: $L_I = \{2x = (2k+1)\frac{\pi}{2}|\, k \in \mathbf{Z}\} = \{x = (2k+1)\frac{\pi}{4}|\, k \in \mathbf{Z}\}$.
(II) $\cos 2x \neq 0$: $\iff \sin 2x = -1$. $L_{II} = \{x = \frac{3}{4}\pi + k\pi |\, k \in \mathbf{Z}\}$.
$L = L_I \cup L_{II} = L_I$.

g) $\iff \cos x \cdot \cos \frac{\pi}{4} - \sin x \cdot \sin \frac{\pi}{4} + \cos x \cdot \sin \frac{\pi}{4} - \sin x \cdot \cos \frac{\pi}{4} = 0$
$\iff \sqrt{2}(\cos x - \sin x) = 0 \iff \cos x = \sin x \iff \tan x = 1$.
$L = \{x = \frac{\pi}{4} + k\pi |\, k \in \mathbf{Z}\}$.

h) $\iff \cos x \cdot \underbrace{\sin \frac{\pi}{6}}_{\frac{1}{2}} + \sin x \cdot \underbrace{\cos \frac{\pi}{6}}_{\frac{1}{2}\sqrt{3}} + \cos x \cdot \underbrace{\cos(-\frac{\pi}{6})}_{\frac{1}{2}\sqrt{3}} - \sin x \cdot \underbrace{\sin(-\frac{\pi}{6})}_{-\frac{1}{2}} = \frac{1}{2}$

$\iff (1+\sqrt{3})(\cos x + \sin x) = 1 \iff \cos x + \sin x = \dfrac{1}{1+\sqrt{3}} = \dfrac{\sqrt{3}-1}{2}$

$\iff \dfrac{\sqrt{3}-1}{2} - \cos x = \pm\sqrt{1 - \cos^2 x}$

$\Rightarrow \dfrac{4-2\sqrt{3}}{4} - (\sqrt{3}-1)\cos x + \cos^2 x = 1 - \cos^2 x$

$\iff 2\cos^2 x - (\sqrt{3}-1)\cos x - \dfrac{\sqrt{3}}{2} = 0 \iff \cos^2 x - \dfrac{\sqrt{3}-1}{2}\cos x - \dfrac{\sqrt{3}}{4} = 0$

$\iff \cos x = \dfrac{1}{2}(\dfrac{\sqrt{3}-1}{2} \pm \sqrt{\dfrac{4-2\sqrt{3}}{4} + \dfrac{4\sqrt{3}}{4}}) = \dfrac{1}{2}(\dfrac{\sqrt{3}-1}{2} \pm \dfrac{\sqrt{3}+1}{2}) = \left\{\begin{array}{c}\frac{\sqrt{3}}{2} \\ -\frac{1}{2}\end{array}\right.$

Daraus folgt für $x \in\,]-\pi;\, \pi]$ zunächst
$x = \pm\frac{\pi}{6}$ oder $x = \pm\frac{2}{3}\pi$. Aber nur $-\frac{\pi}{6}$ und $+\frac{2}{3}\pi$ sind Lösungen. Somit:
$L = \{x = -\frac{\pi}{6} + 2k\pi$ oder $x = \frac{2}{3}\pi + 2k\pi |\, k \in \mathbf{Z}\}$.

i) $\iff 3 \cdot (\pm\sqrt{1 - \cos^2 x}) = 1 - 4\cos x \iff 9 - 9\cos^2 x = 1 - 8\cos x + 16\cos^2 x \iff 25\cos^2 x - 8\cos x - 8 = 0$
$u = \cos x:\ \iff u^2 - \frac{8}{25}u - \frac{8}{25} = 0 \iff$

$$u_{1/2} = \frac{1}{2}(\frac{8}{25} \pm \sqrt{\frac{64}{625} + \frac{800}{625}}) = \frac{2}{25}(2 \pm 3\sqrt{6}) \simeq \left\{\begin{array}{c}0.7479 \\ -0.4279\end{array}\right. .$$

$u_1 \simeq 0.7479$ ist Lösung von $-3\sqrt{1 - \cos^2 x} = 1 - 4\cos x$, $u_2 \simeq -0.4279$ ist Lösung von $+3\sqrt{1 - \cos^2 x} = 1 - 4\cos x$. Zu $\cos x_1 = 0.7479$ gehört daher $\sin x_1 = -0.6638$; da $\cos x_1 > 0$ und $\sin x_1 < 0$ gilt, liegt x_1 im IV. Quadranten und es gilt $x_1 = -\text{Arccos}\, u_1 + 2k\pi \simeq -0.7259 + 2k\pi$.

Zu $\cos x_2 = -0.4279$ gehört $\sin x_2 = 0.9034$; da $\cos x_2 < 0$ und $\sin x_2 > 0$ gilt, liegt x_2 im II. Quadranten und es gilt
$x_2 = \text{Arccos}\, u_2 + 2k\pi \simeq 2.0129 + 2k\pi\ (k \in \mathbb{Z})$.
Die Lösungsmenge der gegebenen Gleichung ist daher
$L = \{x = x_{1/2} + 2k\pi|\ k \in \mathbb{Z}\}$.

4.2.3: a)
$$\sin x = 2 \cdot \sin\frac{x}{2} \cdot \cos\frac{x}{2} = 2\sin\frac{x}{2}\sqrt{1 - \sin^2\frac{x}{2}}$$

$$\cos x = \cos^2\frac{x}{2} - \sin^2\frac{x}{2} = 2\cos^2\frac{x}{2} - 1$$

$$\tan x = \frac{2\sin\frac{x}{2}\cos\frac{x}{2}}{\cos^2\frac{x}{2} - \sin^2\frac{x}{2}} = \frac{2\tan\frac{x}{2}}{1 - \tan^2\frac{x}{2}}$$

b) $\cos 3x = \cos 2x \cdot \cos x - \sin 2x \cdot \sin x = (\cos^2 x - \sin^2 x)\cos x - 2\sin x \cos x \sin x =$
$(2\cos^2 x - 1)\cos x - 2\cos x(1 - \cos^2 x) = 2\cos^3 x - \cos x - 2\cos x + 2\cos^3 x =$
$4\cos^3 x - 3\cos x$

$\sin 3x = \sin 2x \cdot \cos x + \cos 2x \cdot \sin x = 2\sin x \cdot \cos^2 x + (\cos^2 x - \sin^2 x)\sin x =$
$2\sin x(1 - \sin^2 x) + (1 - 2\sin^2 x)\sin x = 2\sin x - 2\sin^3 x + \sin x - 2\sin^3 x =$
$3\sin x - 4\sin^3 x$

c)
$$\cot(x_1 + x_2) = \frac{\cos(x_1 + x_2)}{\sin(x_1 + x_2)} = \frac{\cos x_1 \cdot \cos x_2 - \sin x_1 \cdot \sin x_2}{\cos x_1 \cdot \sin x_2 + \cos x_2 \cdot \sin x_1} =$$
$$\frac{\cot x_1 \cdot \cot x_2 - 1}{\cot x_1 + \cot x_2}$$

d) $\cos(x_1 - x_2) = \cos(x_1 + (-x_2)) = \cos x_1 \cdot \cos(-x_2) - \sin x_1 \cdot \sin(-x_2) =$
$\cos x_1 \cdot \cos x_2 + \sin x_1 \cdot \sin x_2$

$$\tan(x_1 - x_2) = \tan(x_1 + (-x_2)) = \frac{\tan x_1 + \tan(-x_2)}{1 - \tan x_1 \cdot \tan(-x_2)} = \frac{\tan x_1 - \tan x_2}{1 + \tan x_1 \cdot \tan x_2}$$

e) $2 \cdot \sin x_1 \cdot \sin x_2 = \cos(x_1 - x_2) - \cos(x_1 + x_2)$
$2 \cdot \cos x_1 \cdot \cos x_2 = \cos(x_1 - x_2) + \cos(x_1 + x_2)$

f) Aus e) folgt mit $z_1 = x_1 + x_2$, $z_2 = x_1 - x_2 \iff x_1 = \frac{1}{2}(z_1 + z_2)$, $x_2 = \frac{1}{2}(z_1 - z_2)$:

$$\cos z_2 + \cos z_1 = 2 \cdot \cos\frac{z_1 + z_2}{2} \cdot \cos\frac{z_1 - z_2}{2}$$

$$\cos z_2 - \cos z_1 = 2 \cdot \sin\frac{z_1 + z_2}{2} \cdot \sin\frac{z_1 - z_2}{2}$$

$$\Rightarrow \cos z_1 - \cos z_2 = 2 \cdot \sin\frac{z_1 + z_2}{2} \cdot \sin\frac{z_2 - z_1}{2}$$

g) $\sqrt{2}(\cos x \cdot \sin \frac{\pi}{4} + \cos \frac{\pi}{4} \cdot \sin x) = \cos x + \sin x$

h) $\sin x + \cos x \cdot \underbrace{\sin \frac{2}{3}\pi}_{\sin \frac{\pi}{3}} + \sin x \cdot \underbrace{\cos \frac{2}{3}\pi}_{-\cos \frac{\pi}{3} = -\frac{1}{2}} + \cos x \cdot \underbrace{\sin \frac{4}{3}\pi}_{-\sin \frac{\pi}{3}} + \sin x \cdot \underbrace{\cos \frac{4}{3}\pi}_{-\cos \frac{\pi}{3} = -\frac{1}{2}} = 0$

i) $r = \sqrt{u^2 + v^2}$, $z = \pm \text{Arccos } \frac{u}{r}$ je nachdem $\begin{cases} v \geq 0 \\ v < 0 \end{cases}$

$r \cdot \cos z \cdot \cos x + r \cdot \sin z \cdot \sin x = -w \iff \cos(z - x) = \cos(x - z) = -\frac{w}{r}$.

Speziell für 4.2.2 i) ist $u = 4$, $v = 3$, d. h. $r = 5$, $z = \text{Arccos } \frac{4}{5}$.
Die Gleichung ist daher äquivalent mit $\cos(x - \text{Arccos } 0.8) = 0.2$.
Da der cos-Wert positiv ist, liegt $x - \text{Arccos } 0.8$ im I. oder IV. Quadranten; man erhält:

$$x_2 = \text{Arccos } 0.8 + \text{Arccos } 0.2 + 2k\pi \simeq 2.0129 + 2k\pi$$

bzw.

$$x_1 = \text{Arccos } 0.8 - \text{Arccos } 0.2 + 2k\pi \simeq -0.7259 + 2k\pi \ (k \in \mathbb{Z}).$$

Sachwortverzeichnis

Abbildung 55
Additionstheoreme 85ff.
Äquivalenzumformungen 25ff., 37
Aussage 23ff.
Aussageform 23ff.

binärer Logarithmus 68
binomische Formeln 8
Bogenmaß 76

Cosinus 77ff.
Cotangens 77ff.

Definitionsmenge, Definitionsbereich 24ff.
dekadischer Logarithmus 68
dualer Logarithmus 68

Erfüllungsmenge 24ff.
Exponentialfunktion 56ff.

Faktor, faktorisieren 8ff.
Funktion 55

gebundene Variable 45
Grad(maß) 76
Graph 56
größter gemeinsamer Teiler (g.g.T.) 9, 13ff.

Implikation 41
indirekter Beweis 41

kleinstes gemeinsames Vielfaches (k.g.V.) 15
Kontraposition 41

Linearfaktor 11
Lösungsmenge 24ff.
Logarithmus 67ff.
logarithmische Koordinatenpapiere 70ff.

Monotonie 65

natürlicher Logarithmus 68
Nullstelle 17

Operand, Operation, Operator 1, 40

Periodizität 78
Polarkoordinaten 76
Polynomdivision 17
Potenzgesetze 49

quadratische Gleichung 34
Quantor 40

Radiant 76
Radikand 49

Sinus 77ff.
Summationsindex 44

Tangens 77ff.
Term 1ff., 20ff.

Umkehrbarkeit, Umkehrfunktion 62ff.
Ungleichungen 28ff.

Variable 23, 56
Vieta, Satz von 11

Wachstum 59
Winkelfunktionen 77ff.
Wurzel 49ff.